Python
程序设计
及医学应用

夏翃　华琳 主编

高磊　信中 副主编

刘文艳　池添雨　李杰
编著

U0386817

清華大学出版社
北 京

内 容 简 介

随着现代人工智能技术的迅速发展,其在医学领域中的应用也越来越广泛、越来越深入,Python 在数据挖掘、机器学习、神经网络、深度学习等方面得到了广泛的支持和应用。本书以医学应用案例的形式介绍了 Python 程序设计的基础知识及医学应用实践,其中,在 Python 程序设计的基础部分介绍了 Python 基本语法、数据类型、程序控制结构、函数、文件处理和异常处理等程序设计与开发知识,还介绍了 Python 开发环境、开发软件 PyCharm 和第三方库的安装与配置等;在医学应用实践部分介绍了用 Python 实现自然语言处理、词云、医学数据分析、数据可视化、医学图像处理、常用文档处理和互联网数据的获取等应用。本书提供了丰富的医学行业资源,具有较高的实用性与扩展性,为读者深入学习扩展了思路。

本书深入浅出地帮助读者熟悉各种技术的应用,充分展示了医学问题的分析求解过程以及 Python 程序的技术实现,具有较高的实用性与可操作性,以期提高读者的逻辑推理与论证能力,实验设计与问题求解能力。

本书可以作为医学院校本科生及研究生、医学基础及临床科研工作者和相关技术人员的"Python 程序设计"教材,或作为计算机二级考试的参考用书。

图书在版编目(CIP)数据

Python程序设计及医学应用 / 夏翃, 华琳主编.

北京:清华大学出版社, 2024.8. -- ISBN 978-7-302-66943-2

Ⅰ. TP312.8;R

中国国家版本馆CIP数据核字第2024U4Z147号

责任编辑:龙启铭
封面设计:何凤霞
责任校对:胡伟民
责任印制:刘 菲

出版发行:清华大学出版社

  网 址:https://www.tup.com.cn,https://www.wqxuetang.com

  地 址:北京清华大学学研大厦 A 座   邮 编:100084

  社 总 机:010-83470000   邮 购:010-62786544

  投稿与读者服务:010-62776969,c-service@tup.tsinghua.edu.cn

  质量反馈:010-62772015,zhiliang@tup.tsinghua.edu.cn

  课件下载:https://www.tup.com.cn,010-83470236

印 装 者:北京鑫海金澳胶印有限公司

经 销:全国新华书店

开 本:185mm×260mm   印 张:13.5   字 数:340 千字

版 次:2024 年 8 月第 1 版   印 次:2024 年 8 月第 1 次印刷

定 价:39.00 元

产品编号:106663-01

编写人员名单

主 编：

　　夏 翃（首都医科大学）

　　华 琳（首都医科大学）

副主编：

　　高 磊（首都医科大学）

　　信 中（北京同仁医院）

编 委：

　　刘文艳（首都医科大学）

　　池添雨（北京宣武医院）

　　李 杰（北京朝阳医院）

前言

2019 年，教育部提出发展"四新"学科建设，以全面提高拔尖创新人才的培养质量，这是实现我国高水平科技自立自强的重要支撑。2024 年《政府工作报告》提出，深化大数据、人工智能等研发应用，开展"人工智能+"行动，打造具有国际竞争力的数字产业集群。时代要求新医科建设要积极探索医科与其他学科交叉融合，培养能够适应以人工智能为代表的新一轮科技革命变革时代所需要的医学人才。

随着现代人工智能技术的迅速发展，其在医学领域中的应用也越来越广泛、越来越深入，为医学行业带来了巨大革新，也变革着传统的医疗模式。人工智能技术已广泛应用于疾病预测、医学影像、健康管理、药物研发和医院管理等多个方面。Python 在数据挖掘、机器学习、神经网络、深度学习等方面是主流编程语言，在智能医学领域也得到了广泛的支持和应用。

本书采用最新版 Python 3.12 为语言基础，兼顾 Python 技术基础和医学应用实践，分为 11 章对 Python 语言基础和常用技术进行了较全面的讲解。其中，第 1 章为 Python 语言概述；第 2～5 章为 Python 语言编程技术基础，采用了 Python 自带的 IDLE 软件来实现程序的编写与调试，有利于读者夯实语言技术基础，并可满足计算机二级考试的需要；第 6～11 章采用 PyCharm 软件来实现，有利于读者高效编程并可满足复杂医学综合应用的需要。

本书从需求出发，"教、学、练"相结合，不仅满足了读者学习 Python 编程的需求，还涵盖了利用 Python 语言实现的常见技术在医学中的应用。本书各章节均采用案例式编排，深入浅出地帮助读者熟悉各种技术的应用，软件实现具体细致，充分展示了问题的求解过程及 Python 程序的技术实现，具有较高的实用性与可操作性。本书可以作为医学院校本科生及研究生、医学基础及临床科研工作者和相关技术人员的"Python 程序设计"教材，或作为计算机二级考试的参考用书。

本书的编写得到了诸多同行的支持和帮助，借此机会向他们表示深深的敬意和由衷的感谢。同时也感谢首都医科大学生物医学工程学院领导的大力支持。

由于编写时间有限，加之编者水平和所涉猎范围所限，书中不足和缺陷在所难免。希望得到专家、同行和读者的批评指正，以使本书不断完善。

编者

2024 年 4 月

目录

第 1 章

Python 语言概述

Python 是一种高级、通用、解释型的编程语言，它有简洁、易读的语法，以及强大的标准库，被广泛用于各个领域的应用开发。

1.1 Python 语言简介

Python 由荷兰人吉多·范·罗苏姆（Guido van Rossum）（见图 1-1）开发设计，第一个公开发行版发行于 1991 年。

Python 语法更接近自然语言，只有 35 个保留字，十分简洁。Python 解释器提供了几百个内置类和函数库，此外，世界各地程序员通过开源社区贡献了十几万个第三方函数库，几乎覆盖了计算机技术的各个领域。在编写 Python 程序时，可以大量利用已有的内置或第三方代码，以显著缩短开发周期。

图 1-1　Python 发明人
（Guido van Rossum）

此外，不仅可以使用 Python 语言编写程序，还能够将 C 或 C++等其他语言代码封装后以 Python 语言方式使用，达到了对多种语言编程的集成。多语言集成为 Python 计算生态构建和持久性发展提供了重要的技术保障，不仅可以结合已有其他语言以扩大 Python 计算生态规模，也可以借助其他语言显著提高 Python 程序的执行速度。

由于 Python 语言的简洁性、易读性以及可扩展性，Python 已经成为最受欢迎的程序设计语言之一。在 IEEE Spectrum 2023 年度编程语言排行榜（https://spectrum.ieee.org/the-top-programming-languages-2023）中，Python 蝉联榜首，如图 1-2 所示。IEEE Spectrum 使用多种指标来衡量语言的流行程度，包括谷歌搜索、Stack Overflow、GitHub 等。

1.1.1 Python 的特点

Python 凭借自身的特点，迅速成为最流行的计算机编程语言之一。Python 主要有以下特点。

（1）简单易学：Python 是一种代表简单主义思想的语言，极容易上手。阅读一个良好的 Python 程序就像在读英语一样，比较容易理解。

（2）解释型高级语言：Python 语言编写程序的时候无须考虑计算机系统底层的技术问题，使开发过程变得容易。Python 解释器把源代码转换成称为字节码的中间形式，然后再

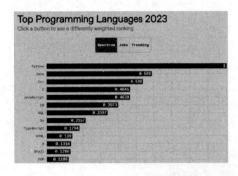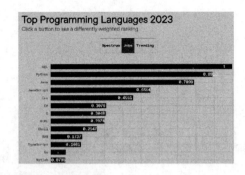

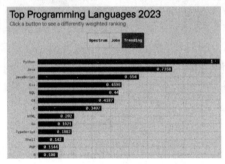

图 1-2　IEEE Spectrum 2023 年度编程语言排行榜

把它翻译成计算机使用的机器语言并运行。这使得使用 Python 更加简单，也使得 Python 程序更加易于移植。

（3）免费开源：Python 使用者可以自由地发布这个软件的拷贝，阅读它的源代码，对它做改动，把它的一部分用于新的自由软件中。

（4）可移植性：由于 Python 的开源特性，Python 已被移植在众多平台上，如 Linux、Windows、Symbian 和 Android 平台等。

（5）可扩展性：Python 提供了丰富的 API 和工具，以便程序员能够轻松地使用 C 语言、C++或 Cython 来编写扩充模块。Python 编译器本身也可以被集成到其他需要脚本语言的程序内。

（6）面向对象：Python 既支持面向过程的编程，也支持面向对象的编程。Python 的函数、模块、数字、字符串都是对象，且完全支持继承、重载、派生、多继承，有助于增强源代码的复用性。

1.1.2　Python 的应用领域

Python 凭借自身具有的开源性、跨平台性等特点，在各个应用领域得到了重视和应用。

1. 科学计算和数据分析

由于 Python 拥有非常丰富的库，使其在数据分析领域有着广泛的应用，随着 NumPy、SciPy、Matplotlib 等众多库的开发和完善，Python 越来越适合做科学计算和数据分析了。与科学计算领域最流行的商业软件 MATLAB 相比，Python 比它所采用的脚本语言的应用范围更广泛，可以处理更多类型的文件和数据。Python 不仅支持各种数学运算，还可以绘制高质量的 2D 和 3D 图像，数据可视化也是 Python 最常见的应用领域之一。

2. 人工智能开发应用

Python 在人工智能（Artificial Intelligence，AI）大范畴领域内的机器学习、神经网络、深度学习等方面都是主流的编程语言，得到广泛的支持和应用。基于大数据分析和深度学习发展而来的人工智能、最流行的神经网络框架，如 Facebook 的 PyTorch 和 Google 的 TensorFlow 都采用了 Python 语言。

随着现代智能技术的迅速发展，人工智能技术在医学领域中的应用也越来越广泛、越来越深入，为医学行业带来了巨大革新，也在变革着传统的医疗模式。人工智能技术已应用于病理诊断、医疗影像、智能健康管理和药物研发等多个方面（见图 1-3）。Python 提供了众多的科学计算和机器学习工具，可以帮助医学研究人员加快算法和模型的开发过程，提高医学数据分析和医学图像诊断的准确性等。

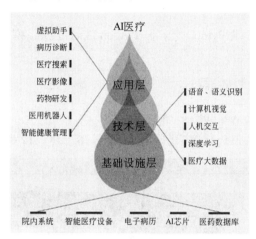

图 1-3　人工智能医学应用领域

3. 网络爬虫和数据采集

网络爬虫可以从网络上快速获取大量有用的数据或信息。Python 可以将网络一切数据作为资源，通过自动化程序进行有针对性的数据采集及处理。Python 自带的 urllib 库、第三方的 Requests 库和 Scrapy 框架让开发爬虫变得非常容易。

4. 物联网开发应用

由于 Python 简洁的语法、丰富的库和框架以及对多种硬件的支持，Python 在物联网（Internet of Things，IoT）领域的应用使得设备更加智能化、连接性更强，并且提高了数据处理和分析的效率。由于其易用性和强大的功能，Python 已成为物联网开发中的一个重要工具。Python 在物联网领域的主要应用有以下几种。

（1）设备脚本和自动化：用 Python 编写运行在物联网设备上的脚本和程序，用于收集传感器数据、控制执行器、进行设备间通信等，从而实现自动化控制。

（2）远程设备管理和更新：Python 可用于实现物联网设备的远程管理和维护，包括远程监控设备状态、推送更新和修复。

（3）数据收集和处理：物联网设备产生大量数据，Python 提供强大的网络编程支持，可以用来实现物联网设备之间的通信，还可以对这些数据进行收集、处理和分析。

（4）安全和加密：在物联网设备和应用中实现安全措施是非常重要的，Python 提供了多种安全和加密库，如 PyCrypto 和 PyOpenSSL。

5. 桌面应用开发

Python 用于桌面 GUI（图形用户界面）应用开发的流行之处在于其简洁易懂的语法和丰富的第三方库。常用的 Python GUI 开发框架和库有 Tkinter、PyQt、wxPython 和 Kivy 等。

6. Web 开发

Python 凭借自身具有的开源性、跨平台性等特点，在 Web 开发领域得到了重视和应用。随着 Python 的 Web 开发框架逐渐成熟，如 Django 和 Flask 框架，程序员可以更轻松地开发和管理复杂的 Web 程序。

1.2　Python 开发环境配置

Python 有两个版本，即 Python 2.x 和 Python 3.x。但是，按照 Python 官方的计划，Python 2.x 只支持到 2020 年。

1.2.1　Python 的下载与安装

1. 登录网址 https://www.python.org/

Python 安装文件可以在 Python 官方网站下载，本书以 3.12.0 为版本，如图 1-4 所示。

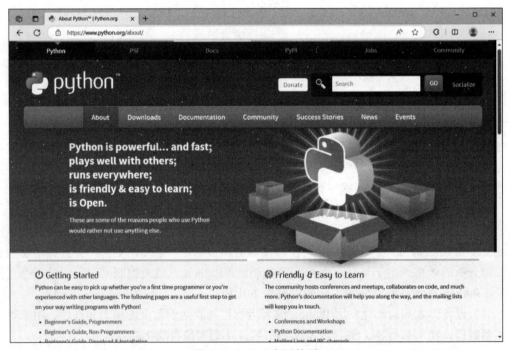

图 1-4　Python 官网首页

2. 选择 Python 版本

单击"Downloads"进入下载页面，按照下载页面选择相应版本进行下载，如图 1-5 所示。每一个版本提供了三个不同的操作系统的下载链接，用户可以选择不同版本的安装文件进行下载。

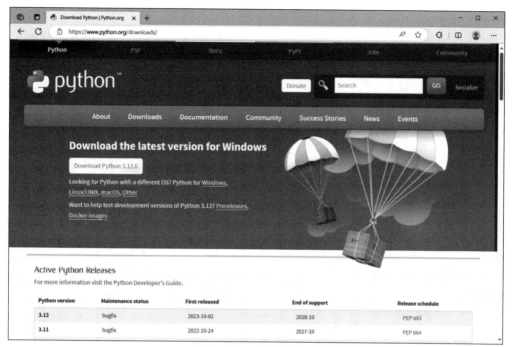

图 1-5　Python 下载页面

Windows 操作系统为 32 位的可以选择"Windows installer (32-bit)"下载，64 位的可以选择"Windows installer (64-bit)"下载（见图 1-6）。本教材以 64 位的 Windows 10 操作系统为例，故选择"Windows installer (64-bit)"版本，下载得到安装文件" python-3.12.0-amd64.exe"。

Version	Operating System	Description	MD5 Sum	File Size	GPG	Sigstore
Gzipped source tarball	Source release		d6eda3e1399cef5dfde7c4f319b0596c	27195214	SIG	.sigstore
XZ compressed source tarball	Source release		f6f4616584b23254d165f4db90c247d6	20575020	SIG	.sigstore
macOS 64-bit universal2 installer	macOS	for macOS 10.9 and later	eddf6f35a3cbab94f2f83b2875c5fc27	45371285	SIG	.sigstore
Windows embeddable package (32-bit)	Windows		c2047dc270c4936f9c64619bb193b721	9824586	SIG	.sigstore
Windows embeddable package (64-bit)	Windows		8e24d2b26a8dbf1da0694b9da1a08b2c	11030264	SIG	.sigstore
Windows embeddable package (ARM64)	Windows		3da91ef1a86a8a210a32ea99c709dd93	10277538	SIG	.sigstore

图 1-6　Windows 操作系统的 Python 文件下载

3．安装 Python

双击"python-3.12.0-amd64.exe"文件即可运行该安装软件，安装主界面如图 1-7 所示。

注意：在正式开始安装前，需要选中"Addpython.exe to PATH"复选框，以便将 Python 解释器添加到 Windows 操作系统的环境变量中，这样就可以在 Windows 的命令提示符下直接运行 Python3.12 解释器。

单击"Install Now"选项，安装过程界面如图 1-8（a）所示，安装完成界面如图 1-8（b）所示。

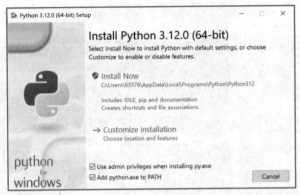

图 1-7　安装主界面

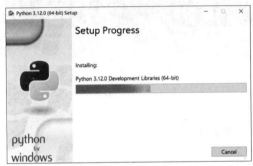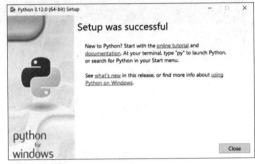

（a）安装过程界面　　　　　　　　　　　　　　　（b）安装完成界面

图 1-8　安装界面

4. Python 版本升级

系统中如果已安装了 Python 某个版本下的老版本再升级，如将 3.11.1 版本升级到 3.11.4 版本，则版本升级主界面如图 1-9 所示。

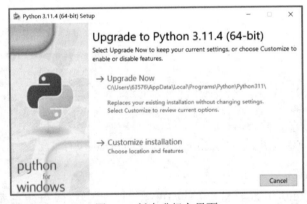

图 1-9　版本升级主界面

单击 "Upgrade Now" 选项，软件升级界面如图 1-10（a）所示，安装完成界面如图 1-10（b）所示。

5．Python 安装结果测试

单击桌面左下角的 "开始" 按钮 ，在 "Windows 系统" 菜单中，选择 "命令提示符" 。在打开的 "命令提示符" 窗口中，在 ">" 后输入 "python" 命令后按 Enter 键，可以看到

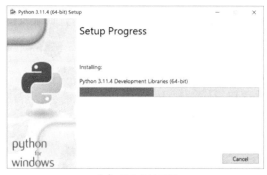

（a）软件升级界面　　　　　　　　　　　（b）安装完成界面

图 1-10　版本升级安装界面

当前系统环境变量中 Python 的版本号和接收 Python 语句的命令提示符"＞＞＞"，如图 1-11 所示。

　　提示：在命令提示符"＞＞＞"后输入"quit()"函数后按 Enter 键，可以退出 Python 解释器运行环境，回到 Windows 命令提示符状态下（见图 1-11）。

图 1-11　安装测试：成功

6．Python 环境变量设置

　　如果安装时，未选中"Addpython.exe to PATH"复选框，则安装完成后在如图 1-12 所示的命令执行后，会显示"'python'不是内部或外部命令，也不是可运行的程序或批处理文件"，系统未能识别出 python 命令。

　　这表明未将 Python 解释器添加到 Windows 操作系统的环境变量中，因此会影响后续的使用。所以，在安装和使用 Python 时，一般都会将 Python 解释器添加到 Windows 操作系统的环境变量中。

图 1-12　安装测试：未识别 Python 命令

　　如不想重新安装 Python，可以在系统环境变量设置中手动将 Python 路径添加到系统环境变量中，具体操作方法见附录 A。

1.2.2　Python 快捷方式

　　Python 安装完成后，在 Windows"开始"菜单中会添加如图 1-13 所示的 4 个快捷方式。

1．IDLE Shell 窗口

IDLE（Integrated Development and Learning Environment）

图 1-13　Python 开始菜单

为 Python 的集成开发和学习环境，如图 1-14 所示。IDLE 是一种辅助程序开发人员开发软件的应用软件，可以用来编写和运行程序。

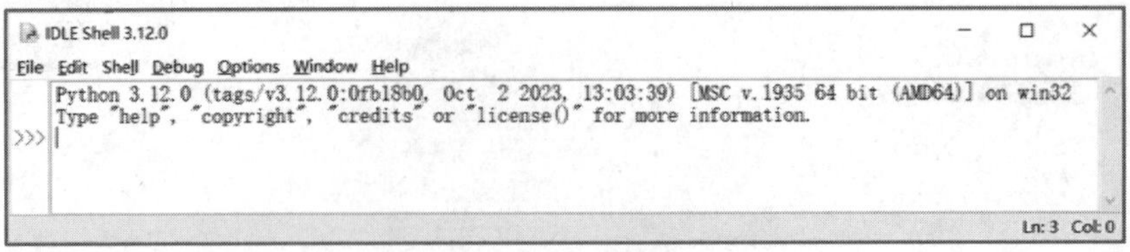

图 1-14 IDLE Shell 窗口

2. Python 交互式解释器

Python 交互式解释器是一个基本的交互式环境（见图 1-15），它允许用户输入并立即执行 Python 代码等操作。

图 1-15 Python 交互式解释器窗口

3. Python 3.12 Manuals

Python 3.12 Manuals 安装在本地的使用手册，该手册以网页方式显示，如图 1-16 所示。

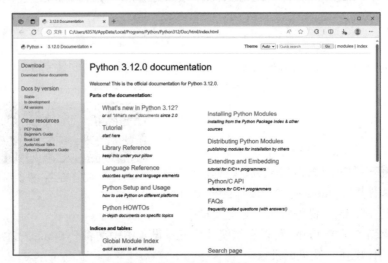

图 1-16 Python 本地手册

读者也可以访问在线官方使用手册，访问地址是 "https://docs.python.org/zh-cn/3/index.html"。

4. Python 3.12 Module Docs

Python 3.12 Module Docs 是安装在本地的模块索引手册，该手册以网页方式显示，如图 1-17 所示。在这个手册中可以查看本地安装的所有模块，包括内置模块和安装的第三方模块。

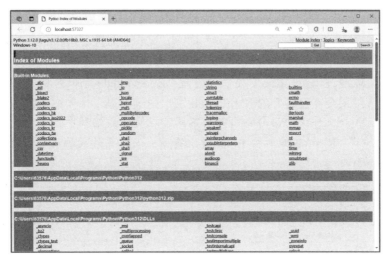

图 1-17　Python 模块索引手册

1.2.3　Python 的集成开发环境：IDLE

IDLE 拥有基本的 Python 编程环境。IDLE 为开发人员提供了许多有用的特性，如自动缩进、语法高亮显示、单词自动完成等。在这些功能的帮助下，能够有效地提高程序开发效率。

IDLE 虽然不如 PyCharm、VSCode 等开发工具强大，但也是非常方便的。而且在某些特殊场合，只能用 IDLE 来编程，如全国计算机等级考试等。本书前 5 章均采用该方式进行程序编写、调试及运行。

IDLE 具有两种类型的主窗口：Python Shell 窗口和文件编辑窗口，分别用于交互式和文件式编程。

1. 交互式

交互式利用 Python 解释器即时响应用户输入的代码，并给出输出结果。交互式一般用于测试或调试少量代码。

Python 的交互式（IDLE Shell）窗口启动后会出现如图 1-18 所示的交互式界面，在提示符 ">>>" 后输入代码，按 Enter 键后，系统执行代码，如有返回结果则在下一行用蓝色字体显示运行结果（此行左侧无提示符 ">>>"）。

图 1-18　交互式界面

2. 文件式

文件式将 Python 程序写在一个或多个文件中，启动 Python 解释器批量执行文件中的代码。文件式是最常用的编程方式。

单击"File"菜单，选择"New File"命令，则进入文件式程序编辑界面（见图 1-19），输入程序，单击"File"菜单，选择"Save"命令，则保存程序。Python 程序的文件扩展名为".py"。

运行程序可以通过单击"Run"菜单，选择"Run Module"命令（或按 F5 快捷键）来实现。程序运行结果会在已打开的 IDLE Shell 窗口内继续显示，如图 1-20 所示。

注意：交互式和文件式的语句输出有所不同。在交互式编程中，变量或表达式的值可以在提示符">>>"直接输入后再按 Enter 键来查看；而在文件式编程中，输出语句则要用 print() 函数等语句来实现。

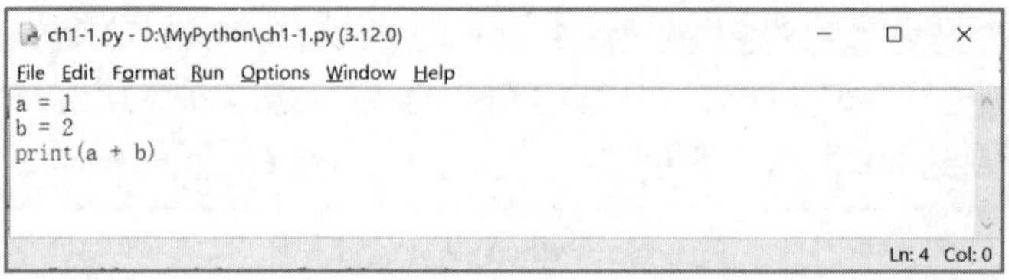

图 1-19　程序编辑界面

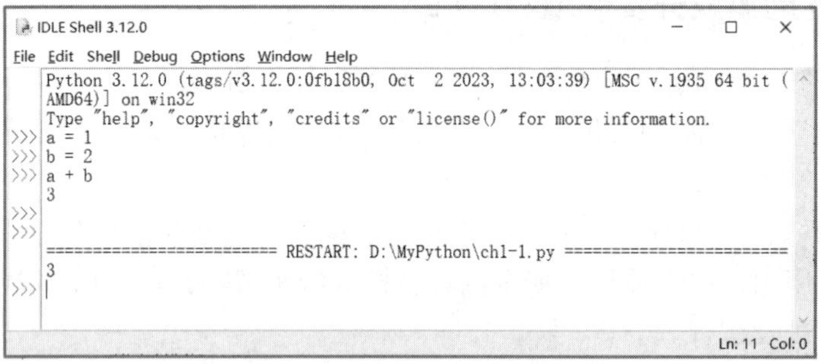

图 1-20　程序运行结果界面

1.2.4　Python 的集成开发工具：PyCharm

虽然 Python 自带的 IDLE 提供了基本的编辑和调试功能，启动快速，占用系统资源较少，可以快速编写和测试一些小型 Python 程序。但是，它缺乏一些高级功能，如自动代码完成、项目管理、版本控制等，所以不适合开发大型和复杂的项目。

Python 有许多集成开发环境（Integrated Development Environment，IDE）可供选择，每个 IDE 都具有不同的特点和功能。常见的 Python IDE 有 PyCharm、Visual Studio Code、Spyder 和 Jupyter Notebook 等。

本书从第 6 章开始介绍 Python 在医学中的应用案例，均采用 Windows 10 操作系统下的 PyCharm 社区版软件来进行程序的编写、调试及运行。

1. PyCharm 的简介

PyCharm 是 JetBrains 公司开发的一种 Python 集成开发环境。PyCharm 带有一整套提高开发效率的工具，如调试、语法高亮、项目管理、代码跳转、智能提示、自动完成、单元测试、版本控制和 Web 开发等。

PyCharm 的官方网址为"https://www.jetbrains.com/pycharm/"，它支持 Windows、macOS 和 Linux 操作系统，有两个版本 Community（社区版）和 Professional（专业版）。

（1）Community（社区版）：提供了基本的 Python 开发功能，如语法高亮、调试、单元测试等。PyCharm 社区版免费使用，适合于初学者和小型项目。

（2）Professional（专业版）：具有更多的高级功能，如数据库工具、Web 开发工具（Django、Flask 等框架的支持）、科学计算和数据科学工具（NumPy、Pandas 的支持）、JavaScript 等前端开发支持，以及许多其他功能。PyCharm 专业版功能强大，适用于大型项目和专业开发者，但要收费。

2. PyCharm 社区版的下载

PyCharm 社区版的当前最新的版本为 2023.2.4，其 Windows 环境下的安装软件下载地址为"https://www.jetbrains.com/pycharm/download/?section=windows"，如图 1-21 所示。

下载得到安装文件" pycharm-community-2023.2.4.exe "。

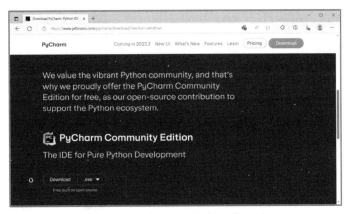

图 1-21　PyCharm 社区版下载网页

3. PyCharm 的安装

双击"pycharm-community-2023.2.4.exe"文件即可运行该安装软件，安装开始界面如图 1-22（a）所示。

注意：如果已安装老版本的该软件，系统会提示先卸载老版本的 PyCharm。

（a）安装开始界面　　　　　　　　　　　　（b）选择安装路径

图 1-22　PyCharm 社区版安装过程

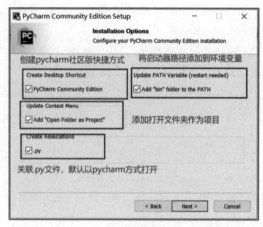

（c）设置选项

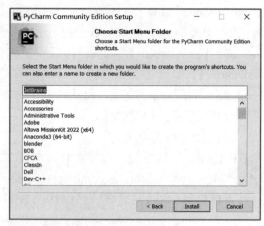

（d）选择"开始"文件夹

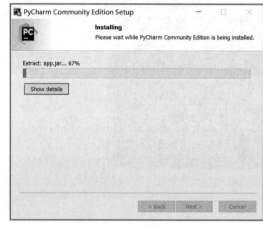

（e）安装

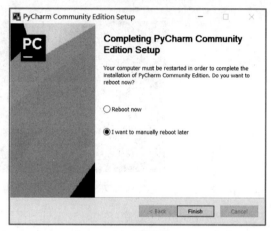

（f）安装完成

图 1-22　（续）

（1）单击"Next>"按钮开始安装，选择安装路径，如图 1-22（b）所示，再单击"Next>"按钮。

（2）在如图 1-22（c）所示的设置选项中，选中"Add 'bin' folder to the PATH"复选框，以便将 PyCharm 添加到 Windows 操作系统的环境变量中。其他复选框建议都选中，再单击"Next>"按钮。

（3）在图 1-22（d）中，选择放置快捷方式在"开始"菜单中的文件夹，默认是"JetBrains"。单击"Install"按钮开始安装，如图 1-22（e）所示。

（4）安装完成界面如图 1-22（f）所示。可以根据需要立刻或以后重启 Windows。

PyCharm 安装完成后，在 Windows 的"开始"菜单中就添加了 PyCharm 软件 。

4. 创建 PyCharm 项目

初次启动 PyCharm，显示的启动界面如图 1-23 所示，单击窗口中间的"New Project"按钮，开始创建新项目。

如图 1-24 所示，设置新建 PyCharm 项目的各个参数：

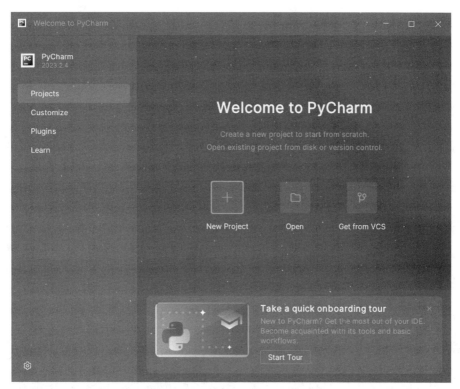

图 1-23　PyCharm 初次启动界面

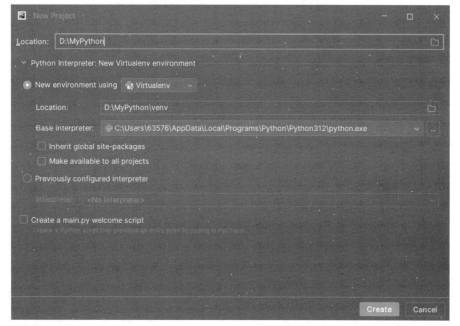

图 1-24　PyCharm 创建项目界面

（1）设置新建项目的路径（Location）：本书设置为"D:\MyPython"；

（2）设置项目运行环境：本书设置为"Virtualenv"。一般建议一个 PyCharm 项目使用一个虚拟环境（Virtualenv），这样各个项目之间的运行环境互不干扰，可以很好地解决库依赖、版本依赖以及间接授权等问题。

（3）设置 Python 的解释器（Base interpreter）：本书采用的是 Python3.12 版本。

（4）单击"Create"按钮进行创建。

PyCharm 新项目创建完成后的界面如图 1-25 所示，系统会建立索引文件，窗口右下角会显示更新进度。

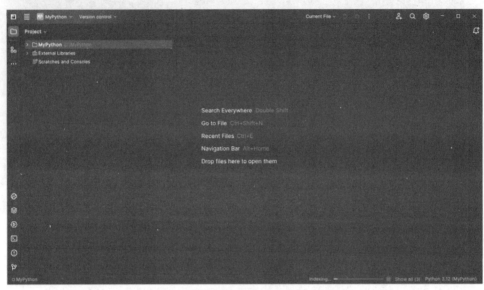

图 1-25　PyCharm 项目创建完成界面

5. 创建 PyCharm 项目中的新 Python 文件

PyCharm 项目创建后，就可以在项目中添加新 Python 文件了。

右击项目名称"MyPython"后，在弹出的快捷菜单中选择"New"目录，出现下一级菜单，选择"Python File"命令，如图 1-26 所示。

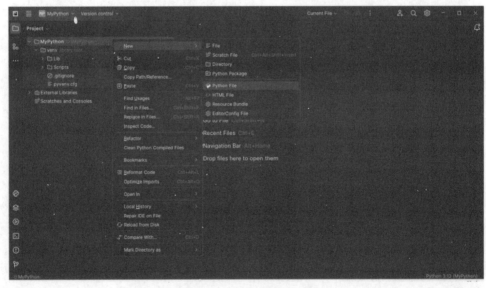

图 1-26　PyCharm 新建项目界面一

在弹出的窗口中输入新的 Python 文件名（helloCCMU），如图 1-27 所示，按 Enter 键新文件就创建成功了。

图 1-27　PyCharm 新建项目界面二

新文件"helloCCMU.py"会显示在窗口左侧的项目目录中（见图 1-28），双击文件名，就可以在代码区中编写程序了。可以单击代码区上方的"运行"按钮运行程序，程序运行结果见下方的运行信息区。

图 1-28　PyCharm 新建项目界面三

6. 安装 PyCharm 插件

PyCharm 支持安装各种便捷的插件，如汉化插件、自动补码插件。汉化插件可以使软件界面显示中文，对初学者而言，中文界面会操作更方便些。安装汉化插件的步骤如下。

（1）单击左上角的菜单图标，出现主菜单，选择"File"菜单，单击"Settings"命令，如图 1-29 所示。

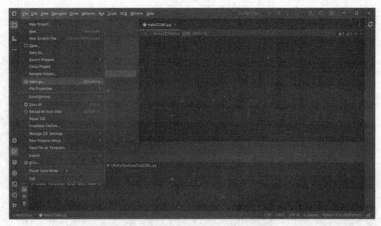

图 1-29　PyCharm 的 File 菜单

（2）在打开的"Settings"对话框中，选择"Plugins"选项，在右侧上方的查找位置上输入"Chinese"，系统会自动联网找到相关的插件。

在显示的找到的相关插件列表中，选择第二项"汉"，则在右侧窗口中显示该插件的说明（见图 1-30）。单击"Install"按钮就开始下载和安装该插件。

图 1-30　PyCharm 的"Settings"对话框

（3）安装完该插件后，单击"Restart IDE"按钮重启 PyCharm 软件，如图 1-31 所示，即实现了软件的汉化。

图 1-31　PyCharm 下载安装完中文语言包

7. 安装 PyCharm 的常用设置

PyCharm 黑色的显示风格，有时不如浅色的风格看着清晰，用户可以设置显示风格。

（1）单击左上角的菜单图标，出现主菜单，选择"文件"菜单，单击"设置"选项，如图 1-32 所示。

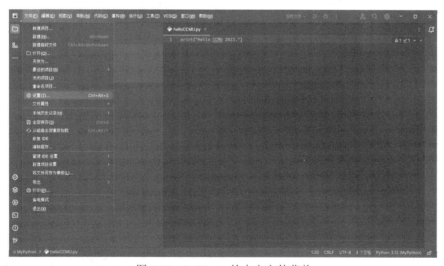

图 1-32　PyCharm 的中文文件菜单

（2）外观设置：在如图 1-33（a）所示的"设置"窗口中，在左侧栏中选择"外观与行为"下的"外观"，在右侧显示的"主题"中，选择"Light with Light Header"后，软件会自动调整，如图 1-33（b）所示。

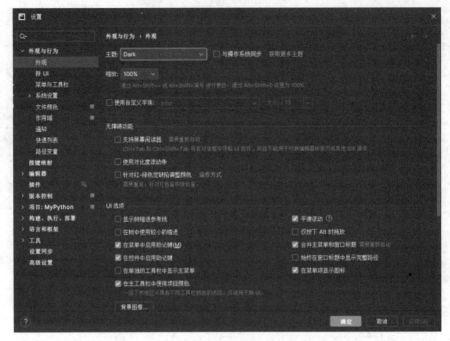

（a）Dark主题

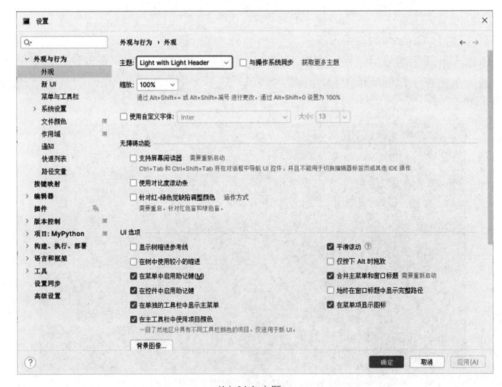

（b）Light主题

图 1-33　外观设置

（3）新 UI 设置：在如图 1-34 所示的"设置"对话框中，软件的主菜单栏是隐藏的，不方便查找菜单功能，用户可以设置恢复到以前的显示方式。

图 1-34　新 UI 设置

在如图 1-34 所示的"设置"对话框中，在左侧栏中选择"外观与行为"下的"新 UI"，在右侧显示的"启动新 UI"中，选中"在单独的工具栏中显示主菜单"复选框后，单击"确定"按钮。软件自动调整后的显示界面如图 1-35 所示。

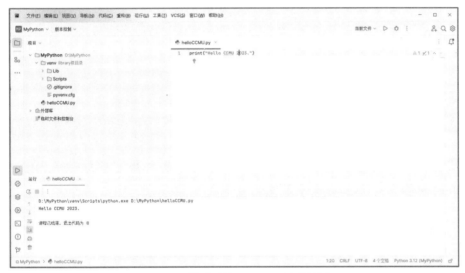

图 1-35　设置后的 PyCharm 软件界面

拓展与思考

　　随着新一轮科技革命和产业变革的深入发展，工业软件作为工业技术和知识的程序化封装，已经广泛应用于几乎所有工业领域的核心环节。由于我国信息技术起步较晚、基础较为薄弱，早期 IT 市场被国外厂商牢牢把握着，我们在很多领域对国外产品产生了依赖。从华为、中兴被打压，从 MATLAB 被禁用，国家也高度重视发展自主国产化软硬件，如 2021 年工业和信息化部发布了《"十四五"软件和信息技术服务业发展规划》等。

　　随着科技的不断进步和发展，国内产业也逐渐走上了一条自主创新的道路，实现了众多关键技术的国产化，例如，国产操作系统有中标麒麟、银河麒麟和华为鸿蒙等；数据库有达梦数据库、阿里的 OceanBase、华为的 GaussDB、南大通用、金仓数据库等；此外 WPS 几乎可以完美替代微软 Office 等。据《2023 年我国工业软件产业发展研究报告》显示，2022 年，中国工业软件产品收入达到了 2 407 亿元，同比增长 14.3%，但占全球市场规模不足 8%，所以完全国产化替代仍有较长的路要走。

本章小结

本章主要介绍了 Python 的概念、特点、应用领域等背景知识，详细介绍了 Python 的下载、安装及开发环境的配置，以及 Python 自带 IDLE 的基本使用，此外还介绍了 Python 常用集成开发环境 PyCharm 的下载、安装及常用设置等。

第 2 章

Python 语言基础

在编程的世界里，编程语言基础不仅是起点，更是构建卓越的基石。正如 Python 创始人 Guido van Rossum 所说：Python 被设计出来，是为了让开发更快乐，让编程更直观。而这一切的开始，都源自于对编程语言基础的深刻理解。

2.1 Python 程序编写规范

2.1.1 程序的格式框架

程序的格式框架是 Python 语法的一部分。Python 遵循第 8 号增强提案（Python Enhancement Proposal #8，PEP 8）风格，这种设计有助于提高代码的可读性和可维护性。

每个 PEP 都是一份为 Python 社区提供的指导 Python 往更好的方向发展的技术文档，其中的 PEP 8 是针对 Python 语言编订的代码风格指南（https://peps.python.org/pep-0008/）。

PEP 8 常用的一些约定如下。

1. 文件编码

Python 文件的编码是指用于存储 Python 代码的字符编码格式。正确的编码确保 Python 解释器可以正确地读取和执行代码。在 Python 3 中，程序文件默认采用"UTF-8"编码。

创建新的 Python 项目时，建议使用"UTF-8"编码；而处理外部来源的数据时，如读取文件或数据库，注意指定正确的编码。常见的中文编码方式有 GB 2312、GBK 和 Big5 等。

2. 缩进

Python 语言采用严格的缩进来表示程序逻辑，如果缩进使用不当，会产生编译错误。在编写 Python 程序时，可以使用多个空格实现（一般是 4 个空格）缩进，可以使用 Tab 键来缩进，但两者不可以混用。

如果程序运行时，出现如图 2-1 所示的错误提示（含有"indented"字样），则说明代

图 2-1　缩进错误

码中出现了缩进不匹配的问题。

3. 空行

使用必要的空行可以增加代码的可读性，通常在顶级定义（如函数或类的定义）之间空两行，而方法定义之间空一行，另外在用于分隔某些功能的位置也可以空一行。

4. 空格

建议在以下情况时，添加或不添加空格。

（1）添加空格。

- 在二元运算符两边各加一个空格，如赋值（=），复合赋值（+=、−=），比较（==、<、>、!=、<>、<=、>=、in、not、in、is、is not），布尔（and、or、not）。例如，x = 1，x>= 0。
- 列表等的逗号或函数的参数列表之间的逗号之后有空格。例如，[1, 2, 3]，func(real, img)。
- 字典的冒号 ":" 后有一个空格，例如，{'a': 1, 'b': 2}。
- 注释语句的注释符（#）后要加一个空格。程序语句后的#注释，在#前应该两个空格。

（2）不添加空格。

- 函数的左括号后，以及右括号前不加多余的空格。
- 函数参数中的等号两边不要有空格，例如，fun(x=1, y=2)。

5. 续行符

续行符由反斜线（\）符号表达。Python 程序是逐行编写的，每行代码长度没有限制。但单行代码太长则不利于程序阅读，一般建议不超过 80 个字符。如果单行代码过长，可以用续行符将单行代码分割为多行表达。此外，通过续行符也可以对代码进行多行排版来增加可读性的情况。

注意：续行符后不能存在空格，续行符后必须直接换行。

6. 注释

注释是代码中的辅助性的说明文字，注释部分不会被 Python 解释器执行，一般用于在代码中标明作者和版权信息，或解释代码原理及用途，或通过注释代码来辅助程序调试。良好的注释可以大幅提高程序的可读性。

Python 支持两种类型的注释，分别是单行注释和多行注释，如图 2-2 所示。

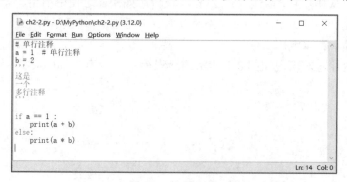

图 2-2　注释方式

（1）单行注释：Python 使用"#"作为单行注释的符号，语法格式为

```
# 注释内容
```

从"#"开始，直到这行结束为止的所有内容都是注释。

说明多行代码的功能时，一般将注释放在代码的上一行；说明单行代码的功能时，一般将注释放在代码的右侧。

（2）多行注释：多行注释指的是一次性注释程序中多行的内容（也可以只包含一行）。多行注释通常用来为 Python 文件、模块、类和函数等添加版权或功能描述信息。

Python 用一对三个连续的单引号"'''"或者一对三个连续的双引号"\"\"\""注释多行内容。

7. import 导入语句

import 导入语句的位置应该在代码的开头，在模块的注释与文档字符串之后，全局变量与常量的声明之前，且遵循顺序如下：标准库>相关第三方库>自定义库，且在每一组结束后用一个空行来隔开。

PEP 8 建议，import 导入不同的库时分行导入，从一个库里导入不同模块可以写在一行里，如图 2-3 所示。

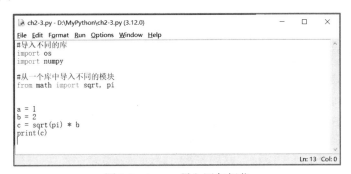

图 2-3　import 导入语句规范

8. Python 之禅（The Zen of Python）

在 IDLE Shell 中运行"import this"语句则会返回"The Zen of Python"，如图 2-4 所示。"Python 之禅"概括性地介绍了编写好代码的基本原则，也体现了 Python 语言追求一种独特的简洁和高可读性。

2.1.2 命名

1. 常量

常量是指在程序运行过程中，值不会发生变化的量，在程序中可以直接使用，例如，2023、"CMU"等。在 Python 中使用全部大写来辨别常量，例如，MAX_NUM=100、PI=3.1415。但需要注意的是，Python 中没有保护常量的机制，所以也没有严格意义上的常量。Python 中有少数的常量存在于内置命名空间中，例如，False、True 和 None。

2. 变量

常量是不变的量，变量则是变化的量。变量是指在程序运行过程中，值会发生变化的量。在 Python 中，变量可以随时命名、随时赋值、随时使用。变量名不能与保留字、内置

```
IDLE Shell 3.12.0                                         —   □   ×
File  Edit  Shell  Debug  Options  Window  Help
Python 3.12.0 (tags/v3.12.0:0fb18b0, Oct  2 2023, 13:03:39) [MSC v.19
35 64 bit (AMD64)] on win32
Type "help", "copyright", "credits" or "license()" for more informati
on.
>>> import this
The Zen of Python, by Tim Peters

Beautiful is better than ugly.
Explicit is better than implicit.
Simple is better than complex.
Complex is better than complicated.
Flat is better than nested.
Sparse is better than dense.
Readability counts.
Special cases aren't special enough to break the rules.
Although practicality beats purity.
Errors should never pass silently.
Unless explicitly silenced.
In the face of ambiguity, refuse the temptation to guess.
There should be one-- and preferably only one --obvious way to do it.
Although that way may not be obvious at first unless you're Dutch.
Now is better than never.
Although never is often better than *right* now.
If the implementation is hard to explain, it's a bad idea.
If the implementation is easy to explain, it may be a good idea.
Namespaces are one honking great idea -- let's do more of those!
>>>
                                                          Ln: 25  Col: 0
```

优美比丑陋好
清晰比晦涩好
简单比复杂好
复杂比错综复杂好
扁平比嵌套好
稀疏比密集好
可读性很重要
特殊情况也不应该违反这些规则
但现实往往并不那么完美
异常不应该被静默处理
除非你希望如此
遇到模棱两可的地方，不要胡乱猜测
肯定有一种通常也是唯一一种最佳的解决方案
虽然这种方案并不是显而易见的，因为你不是那个荷兰人(指 Python 之父 Guido)
现在开始做比不做好
不做比盲目去做好
如果一个实现方案难于理解，它就不是一个好的方案
如果一个实现方案易于理解，它很有可能是一个好的方案
命名空间非常有用，我们应当多加利用

图 2-4　Python 之禅（The Zen of Python）

函数、内置模块名相同。

变量可以直接使用，不需要提前声明类型，用"="来给变量赋值，例如，x=1，age=18，name= 'CCMU'等。新的变量通过赋值的动作，创建并开辟内存空间，保存值。

Python 语言具有动态特性，变量可以不提前声明类型而直接使用，并根据赋值的值来确定其数据类型。一个变量可以重复赋值，且可以赋予不同类型的值。

无论是变量还是常量，在创建时都会在内存中开辟一块空间，用于保存它的值。

3. 命名规范

标识符用来识别常量、变量、函数、类、模块及对象等的名称。给变量或其他程序元素关联名称或标识符的过程，称为命名。

在 Python 中，标识符的命名可以使用大小写字母、数字、汉字和下画线（_）字符及其组合，首字符不能是数字，名字中间不能有空格，长度没有限制。

在 Python 中字符是区分大小写的，例如，abc、ABC 和 Abc 是三个不同的变量名。

命名应当尽量使用完整的单词或多个单词的组合，以使名称含义清晰准确，Python 常用的命名规范如表 2-1 所示。

表 2-1　常用的命名规范

范　　围	规　　范	举　　例
.py 文件名、变量名、函数名、模块名	全小写、下画线	eg1.py、get_name() name_of_class = 'ABC'
常量	全大写、下画线	MAX_NUM，PI=3.14
类名	驼峰命名：首字符大写，每个单词都首字符大写	MyClass
受保护的实例属性	以下画线开头	_private_name = 'abc'

2.1.3 保留字

保留字（keyword）也称为关键字，是 Python 语言中一些已经被赋予特定意义的单词，这就要求开发者在开发程序时，不能用这些保留字作为标识符给变量、函数、类、模板及其他对象命名。

Python 的标准库提供了一个"keyword"模块，可以输出当前版本的所有关键字。用户在交互式窗口中，执行"import keyword"命令导入库后，再执行"keyword.kwlist"命令来查看，如图 2-5 所示。

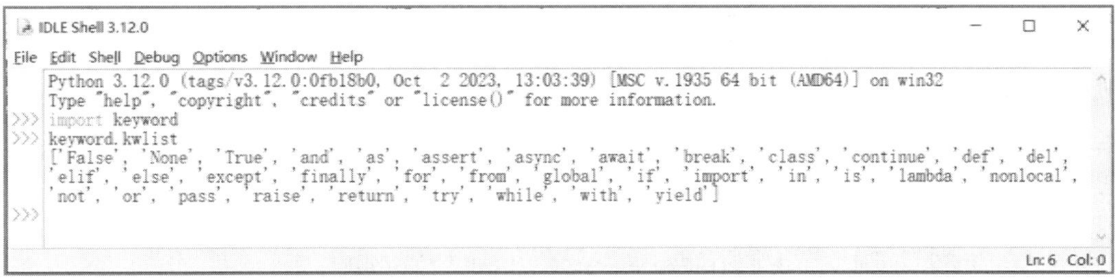

图 2-5 Python 保留字

Python3.12 有 35 个保留字，具体含义如表 2-2 所示。

表 2-2 保留字含义

保留字	含　义
False	含义为"假"的逻辑值，与 True 相反，常用在条件语句中作为判断条件
None	表示一个空对象或是一个特殊的空值
True	含义为"真"的逻辑值，与 False 相反，常用在条件语句中作为判断条件
and	逻辑"与"操作，用于表达式逻辑运算
as	用于转换数据类型，如 import pandas as pd，pd 是 pandas 的别名
assert	用于判断变量或条件表达式的结果
async	用于启用异步操作
await	用于异步操作中等待协程返回
break	中断循环语句的执行，可以用在 for 循环和 while 循环语句中
class	定义类
continue	跳出本次循环，继续执行下一次循环
def	定义函数或方法
del	删除变量或序列的值
elif	用于条件语句，与 if、else 结合使用
else	用于条件语句，与 if、else 结合使用；也可用于异常或循环语句
except	包含捕获异常后的处理代码块，与 try、finally 结合使用
finally	包含捕获异常后的始终要调用的代码块，与 try、except 结合使用
for	用于循环语句，可以遍历任何序列的项目，如一个列表或一个字符串
from	用于导入模块，与 import 结合使用
global	用于在函数或其他局部作用域中使用全局变量

保留字	含 义
if	用于条件语句，与 elif、else 结合使用
import	用于导入模块，与 from 结合使用
in	查看列表中是否包含某个元素或者字符串 A 是否包含字符串 B
	注意：不可以查看列表 A 是否包含列表 B
is	判断变量是否为某个类的实例
lambda	定义匿名函数
nonlocal	用于在函数或其他作用域中使用外层（非全局）变量
not	逻辑"非"操作，用于表达式逻辑运算
or	逻辑"或"操作，用于表达式逻辑运算
pass	空的类、方法或函数的占位符。主要保持程序结构的完整性，不做任何事情
raise	用于抛出异常
return	从函数返回计算结果
try	测试执行可能出现异常的代码，与 except、finally 结合使用
while	用于循环语句
with	使用 with 后，不管 with 中的代码出现什么错误，都会对当前对象进行清理工作
yield	类似关键字 return，只是返回的是一个生成器

2.1.4 语句元素

1. 语法格式

本书会给出某些函数或语句对应的语法格式。语法格式中常用符号的含义如下。

（1）尖括号<>：必选，实际使用时应将其替换为所需的内容。

（2）方括号 [ ]：可选，可根据实际需要加以取舍。

（3）竖线 |：用于分隔多个互斥参数，含义为"或"，使用时只能选择一个。

（4）省略号…：任意多个参数。

用户在实际编写代码时，不写这些符号，而直接写相应的实际内容。例如，input()函数的语法格式为"<变量> = input([提示文字])"，则说明"变量"为必选项，"提示文字"为可选项。在实际应用时，可以采用"s = input("请输入学号：")"，也可以采用"str = input()"。

2. 表达式

表达式类似数学中的计算公式，以表达单一功能为目的，运算后产生运算结果，运算结果的类型由操作符或运算符决定。表达式一般由数据、操作符和函数等构成，是构成 Python 语句的重要部分，例如，$2 + 3 * x + pow(y, 3)$ 等。

3. 赋值语句

对变量进行赋值的一行代码被称为赋值语句，在 Python 语言中"="表示赋值，即将等号右侧的表达式计算后的结果值赋给左侧变量。

赋值语句的一般语法格式如下：

```
<变量> = <表达式>
```

（1）单变量赋值：将一个值赋给一个变量，例如，x=1。

（2）多重赋值：将一个值同时赋给多个变量，例如，x=y=z=1，相当于：x=1，y=1，z=1。

（3）多元赋值：将多个值依次赋给多个变量，例如，x, y, z=1, 2, 3，相当于：x=1，y=2，z=3。而 x, y = y, x，则可以实现互换两个变量 x 和 y 的值。

4．函数和方法

Python 中函数和方法都是用来执行特定任务的代码块，但它们的含义和使用方法有所不同。

函数封装了一些独立的功能，可以直接调用，能将参数传递进去进行处理，可以有返回值，也可以没有返回值。

函数是可以独立存在的个体，函数采用 func(x)的方式调用，所有的参数都是显式传递的，例如，len(str)返回字符串的字符个数，调用这函数时，要将所处理的字符串 str 写到函数 len()的括号中。

方法是面向对象编程的基础。方法和函数类似，同样封装了独立的功能，但是方法是与实例化的对象严格绑定，只能依靠类或者对象来调用，在使用时会隐式传递一个实例化的对象。方法调用格式为

```
<实例>.func(x)。
```

例如，将字符串变量 str 中的字符都变为大写，则采用 "s = str.upper()" 来实现。

2.2　数据输入与输出

在 Python 编程中，经常会需要用户将数据输入系统，程序根据用户输入的数据进行处理并将程序运行结果再反馈给用户。

2.2.1　数据输入

在 Python 中，通过内置函数 input()来实现用户从标准输入设备（如键盘等）输入数据。input()函数的语法格式如下：

```
<变量> = input([提示文字])
```

函数说明：

"提示文字"是一个字符串，在 input()函数开始读取用户输入的值之前输出。提示信息有助于让用户知道应用程序期望什么样的输入，这个可省略不写。

当使用 input()函数时，Python 解释器会一直等待用户输入数据。当用户输入数据并确定后，Python 会将输入的值保存在变量中（如 s），如图 2-6 所示。

```
>>> s = input("请输入学号：")
请输入学号：20230001
>>> s
'20230001'
>>>
```

图 2-6　input()函数

但是，不论用户输入何种数据，input()函数所获得的数据都是字符串类型。当需要将 input()函数获取到的数据进行数值运算时，需要先将这个数据转换为相应的数据类型。input()函数经常和 eval()函数一起使用，

用来得到用户输入的数字型的数据。

2.2.2　数据输出

Python 通过内置函数 print()来实现用户从标准输出设备（如显示器等）输出数据。

print 在 Python3.x 版本是一个函数，但在 Python2.x 版本不是一个函数，而是一个输出语句。所以，这也是区分 Python2.x 和 Python3.x 应用程序的一个方法。

print()函数的语法格式如下：

```
print(*args, sep=' ', end='\n', file=None, flush=False)
```

函数说明：

① args：表示可以一次输出多个对象。输出多个对象时，需要用"，"分隔。

② sep：用来间隔多个对象，默认值是一个空格。

③ end：用来设定以什么结尾。默认值是换行符"\n"，可以换成其他字符串。

④ file：要写入的文件对象，默认不写表示输出到标准输出设备 sys.stdout。

⑤ flush：表示输出是否被缓存，默认为 False。如果 flush=True，数据会被强制刷新，不缓存。

另外：函数说明也可以在交互式窗口（IDLE Shell）中通过运行"help(print)"来查看。

函数用法：print()有多种数据输出方式，常用的用法如图 2-7 所示。

图 2-7　print() 函数常用的用法

（1）一行打印一个数据的语法格式如下：

```
print(数据)
```

例如，

```
print("Hello Python")
```

```
print(s1)
```

（2）一行同时打印多个数据的语法格式如下：

```
print(数据1, 数据2,…, 数据n)
```

例如，每个数据用空格隔开，打印结束后换行。

```
print("Hello","Python","1234")
```

```
print(s1, s2, s3)
```

```
print(s1, s2, s3, "!")。
```

（3）添加结尾数据的语法格式如下：

```
print(数据1, 数据2, …, 数据n, end=结尾文本)
```

例如，表示在所有数据输出后的末尾直接加 end 的数据。

```
print("Hello","Python","1234", end=".")
```

（4）添加间隔数据的语法格式如下：

```
print(数据1, 数据2, …, 数据n, sep=分隔文本)
```

例如，表示在数据之间用 sep 的数据隔开。

```
print("Hello", "Python", "1234", sep ="-")
```

```
print(s1, s2, s3, sep="-")
```

说明：详细的数据格式化输出见 2.3.3 节。

2.3　基本数据类型

Python3 中的基础数据类型有数字类型、bool（布尔）、String（字符串），组合数据类型有 Tuple（元组）、List（列表）、Set（集合）和 Dictionary（字典）。

2.3.1　数字类型

Python 支持三种不同的数字类型：整型（int）、浮点型（float）和复数型（complex）。

1. 类型说明

（1）整型：Python 中，整型对应数学中的整数，可正可负，没有取值范围限制（只要内存够）。

整型用 4 种进制表示：十进制、二进制、八进制和十六进制。默认情况下，整数采用十进制，其他进制需要增加引导符号（见表 2-3）。不同进制的整数之间可以直接运算。

表 2-3　整数类型

类　　型	引导符号	说　　　明
十进制	无	由字符 0～9 组成，如 2022、−123
二进制	0b 或 0B	由字符 0 和 1 组成，如 0b1011
八进制	0o 或 0O	由字符 0～7 组成，如 0o1017
十六进制	0x 或 0X	由字符 0～9、a～f 或 A～F 组成，如 0x101A

（2）浮点型：Python 中，浮点型必须带有小数部分，小数部分可以是 0。例如，1010 是整型，1010.0 是浮点型。除十进制外，浮点型没有其他进制表示形式。浮点型的数值范围和小数精度受计算机系统的限制。对除高精度科学计算外的绝大部分运算来说，浮点型的数值范围和小数精度足够"可靠"。

浮点型有一般表示和科学记数法表示两种表示形式。科学记数法使用字母 e 或者 E 作为幂的符号，以 10 为基数，含义为"<a>e<b> = a*10b"，例如，2.022e3 值为 2022.0。

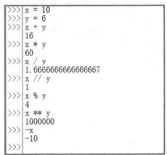

图 2-8　常用的数值运算

（3）复数型：Python 中，复数可以看成二元有序实数对 (a, b)，表示为"a + bj"，其中，a 是实数部分，b 是虚数部分。虚数部分通过后缀"J"或者"j"表示，当 b 为 1 时，1 不能省略，即 1j 表示复数，例如，12+34j 就是一个复数。

2. 数值运算

（1）操作符。常用的数值运算操作符说明及应用如表 2-4 所示，也可以在如图 2-8 所示的 IDLE Shell 交互式窗口中直接运行表达式来查看运算结果。

表 2-4　常用的数值运算操作符

操作符（op）	功　　能	举例（假设 x=10，y=6）
+	两个数字类型相加	x + y = 16
-	两个数字类型相减	x − y = 4
*	两个数字类型相乘	x * y = 60
/	两个数字类型相除，产生的结果为浮点数	x / y = 1.6666666666666667
//	整除	x // y = 1
%	两个数字类型相除的余数，也称为模运算	x % y = 4
**	乘方，x ** y = x^y	x ** y = 1000000
-x	取相反数	−10

数值运算可能会改变结果的数据类型，其基本运算规律如下：

① 整数和浮点数的混合运算，产生的结果为浮点数；

② 整数和整数的混合运算，产生的结果与操作符相关，例如，除法运算（/）的结果为浮点数；

③ 整数或浮点数与复数的运算，产生的结果为复数。

表 2-4 中的二元运算操作符都可以和赋值符号"="连用，形成增强赋值操作符，其本

质上是赋值运算。

若"op="为上述二元运算符，则 x op= y 等价于 x = x op y，具体如表 2-5 所示。

注意："op="之间不能有空格。

表2-5　增强赋值运算

操作符 （op）	增强赋值操作符 （op=）	举例	等同于	运算结果 （假设 x=10，y=6）
+	+=	x+= y	x = x + y	x = 16
-	-=	x -= y	x = x - y	x = 4
*	*=	x *= y	x = x * y	x = 60
/	/=	x/= y	x = x / y	x =1.6666666666666667
//	//=	x//= y	x = x // y	x = 1
%	%=	x%= y	x = x% y	x = 4
**	**=	x**= y	x = x ** y	x =1000000

（2）比较运算。数值之间是可以比较的，比较的结果为 True（真）或 False（假），常用于分支语句或循环语句的条件判断。常用的数值比较运算符如表 2-6 所示。

表2-6　常用的数值比较运算符

操作符 （op）	功　能	举例	运算结果（假设 x=10，y=6）	操作符 （op）	功　能	举例	运算结果（假设 x=10，y=6）
>	大于	x> y	True	<=	小于或等于	x<= y	False
>=	大于或等于	x>= y	True	==	等于	x == y	False
<	小于	x< y	False	!=	不等于	x != y	True

（3）函数。在 Python 解释器中内置了一些基本函数，其中常用的数值运算函数说明及应用如表 2-7 所示，数值类型转换函数说明及应用如表 2-8 所示。

表2-7　常用的数值运算函数

函　　数	功　　能	举例（假设 x1=10，x2=6， x3=-2，x4=3.5315）
abs(x)	x 的绝对值	abs(x3)=2
pow(x, y)	x ** y，即 x 的 y 次方	pow(x1, x2) = 1000000
round(x) round(x, y)	对 x 进行四舍五入，取 y 位小数，如 y 省略则保留 0 位小数。 注意：如果 x 的小数为 0.5，则"奇进偶不进"。即 x 整数部分为奇数时，则进位；为偶数时，则不进位	round(x4) = 4 round(x4, 3) = 3.532 round(1.5) = 2 round(2.5) = 2
divmod(x,y)	同时输出 x 除以 y 的商和余数，结果为二元组(x//y, x%y)	divmod(x1, x2) = (1, 4)
max(x1,…,xn)	取最大值	max(x1, x2, x3, x4) = 10
min(x1,…,xn)	取最小值	min(x1, x2, x3, x4) = -2

表 2-8　数值类型转换函数

函数	功能	举例
int(x)	将浮点数 x 或整数字符串转换为一个整数，但不能将浮点数字符串转换为整数	int(3.14) = 3，int('314') = 314，但 int('3.14') 错误
float(x)	将整数或浮点数字符串转换为一个浮点数	float(3)=3.1，float('3.14')=3.14
complex(x,[y])	将 x 和 y 转换为复数，实数部分为 x，虚数部分为 y	complex(3,4) =(3+4j)

3. 应用举例

【例 2-1】　编写表达式，完成数学运算。

应用 Python 基本语法，编写下列数学公式的表达式，计算结果（小数点后保留 3 位）。

$$x = (1.2)^2 + \sqrt{\frac{5}{7}}$$

【任务实现】

在 Python 的 IDLE Shell 窗口的运行结果如图 2-9 所示。

```
>>> round(1.2 ** 2 + pow(5/7, 0.5), 3)
2.285
```

图 2-9　数学表达式

【例 2-2】　计算人体的基础代谢率。

人体在 20℃左右的室温下，空腹、平卧并处于清醒、安静的状态称为基础状态。此时，维持心跳、呼吸等基本生命活动所必需的能量，称为基础代谢（BM，Basal Metabolism）。基础代谢率（BMR，Basal Metabolism Rate）则是在单位时间内维持基本生命体征所需要的最低能量。BMR 对于了解自身的基本能量需求以及制定健康饮食和体重管理计划、帮助诊断或治疗某些疾病等都有重要意义。

BMR 通常以卡路里（Calories）为单位来表示。计算基础代谢常用的一个估算公式是 Mifflin St. Jeor Equations（MSJE），其简化公式为：

> 男性：10 × 体重（kg）+ 6.25 ×身高（cm）− 5 ×年龄 +5
> 女性：10 × 体重（kg）+ 6.25 ×身高（cm）− 5 ×年龄− 161

现有某男生数据：体重 162 斤、身高 1.85 米、年龄 18 岁。编写 Python 程序，计算他的基础代谢率。

【任务实现】

（1）创建 Python 程序：在 Python 的 IDLE Shell 窗口，单击"File"菜单，选择"New File"命令，则进入程序文件编写界面（见图 2-10）。

编写程序完成后，单击"File"菜单，选择"Save"命令保存程序文件为 eg2-2.py。

（2）编写程序并运行：输入完程序后，单击"Run"菜单，选择"Run Module"命令（或按 F5 快捷键）来运行程序。程序运行结果会在 IDLE Shell 窗口内以蓝色字体输出显示，如图 2-11 所示。

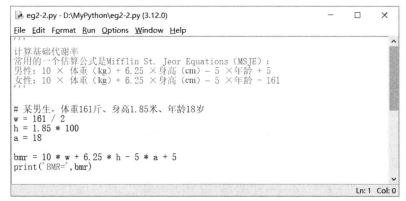

图 2-10　程序编写界面

图 2-11　程序运行结果

2.3.2　布尔类型

1. 类型说明

在 Python 中用 bool 表示布尔类型，布尔类型提供了两个布尔值 True（真/对）或 False（假/错）来表示。False 和 True 是 Python 的关键字，区分大小写。

2. 类型运算

（1）逻辑运算。

在 Python 中通常会用到逻辑运算来进行条件判断。常用的逻辑运算符如表 2-9 所示。

表 2-9　常用的逻辑运算符

运算符	功　　能	举例（假设 x=True，y=False）
and	逻辑"与"运算。x and y：两个同时为真时，返回真；其中一个为假时，则返回假	x and y = False
or	逻辑"或"运算。x or y：两个有一个为真时，返回真；两个同时为假时，则返回假	x or y = True
not	逻辑"非"运算。not x：x 为假时返回真；x 为真时，则返回假	not x = False not y = True

可以组合 and、or、not 和括号来实现复杂的逻辑运算。例如，not((x>=1) and (x<=100))，来实现 x 取值范围在小于 1 或大于 100 的范围内，即(x<1) or (x>100)。

（2）算术运算。

Python3 中，布尔类型是整型的子类，在参与算术运算时，False 和 True 分别相当于整数 0 和 1。

- 执行运算 True==1 或 False==0 结果都会返回 True。
- True 和 False 可以和整数一起进行算术运算，例如，False + 1 =1，True+1=2。

（3）逻辑类型转换。

Python 3 中，可以用 bool()函数来实现类型转换，也可以用 bool()函数来判断一个值是否已经被设置，其运算说明及应用如表 2-10 所示。

表 2-10　布尔类型转换函数

说　　明	举　　例
当 x 为数字 0 时，返回假（False），任何其他值都返回真（True）	bool(0) = False， bool(1) = True，bool(-123) = True
对于没有值的字符串（也就是 None 或者空字符串）返回 False，否则返回 True	bool('') = False，bool(None) = False， bool('python') = True
对于空的列表、字典和元组返回 False，否则返回 True	若 a = []，则 bool(a) = False， 若 b = ['python']，则 bool(b) = True

2.3.3　字符串

字符串是由 0 个或多个字符组成的有序字符序列，通常用来表示文本的数据类型，是 Python 中非常常用的数据类型。一个中文或西文字符的长度都为 1。

1. 字符串的表示

根据字符串的内容多少分为单行字符串和多行字符串。

（1）单行字符串。单行字符串可以由一对单引号（'）或一对双引号（"）作为边界来表示，单引号和双引号作用相同。

（2）多行字符串。多行字符串可以由一对三个连续的单引号（'''）或一对三个连续的双引号（"""）作为边界来表示，两者作用相同。

（3）字符串有两类共 4 种表示方法。

- 单种符号：一对单引号（'）或一对双引号（"），例如，'python'或 "python"。
- 双引号或单引号：内外引号错开用，例如，'这有双引号(")' 或者 "这有单引号(')"。
- 既有单引号又有双引号：内外引号错开用，例如，'''这既有单引号(')又有双引号(")'''。

（4）转义字符。转义是采用某些方式暂时取消该字符本来的含义。在 Python 中，是在指定字符前添加反斜线（\）来表示对该字符进行转义。当需要在字符中使用特殊字符时，就需要用到转义字符了。常用的转义字符如表 2-11 所示。

表 2-11　常用的转义字符

转义字符	含　　义	转义字符	含　　义
\n	换行符，将光标位置移到下一行开头	\'	单引号
\r	回车符，将光标位置移到本行开头	\"	双引号
\\	反斜线	\t	制表符（Tab）

字符串常用的用法如图 2-12 所示。从图中可以看出，在 IDLE Shell 窗口中，可以直接输入变量来查看变量的数据内容，而用 print()函数则可以查看字符实际的显示效果。

```
>>> a = 'python'
>>> a
'python'
>>> b = "python"
>>> b
'python'
>>> c = '''python.
... org'''
>>> c
'python. \norg'
>>> print(c)
python.
org
>>> d = """python.
... org"""
>>> print(d)
python.
org
```

```
>>> e = 'python"org'
>>> e
'python"org'
>>> f = "python'org"
>>> f
"python'org"
>>> g = """www. python."org"""
>>> g
'www. \' python. "org'
>>> h = "www\npython\torg"
>>> h
'www\npython\torg'
>>> print(h)
www
python   org
>>> i = "www\\python\\org"
>>> i
'www\\python\\org'
>>> print(i)
www\python\org
```

图 2-12　字符串常用的用法

2. 字符串的索引和切片

（1）字符串的序号体系。Python 的字符串有 2 种序号体系，正向递增和反向递减，如图 2-13 所示。

图 2-13　字符串的序号体系

Python 的字符串是以 Unicode 编码存储的，一个西文、中文、空格或特殊符号的字符长度都为 1。设字符串长度为 L。

- 正向编号（从 0 递增）。从左到右索引，左侧第一个字符从 0 开始递增，右侧最后一个字符的序号是"L-1"，例如，"h"的正向序号是 3。
- 反向编号（从-1 递减）。从右到左索引，右侧第一个字符从-1 开始递减，左侧最后一个字符的序号是"$-L$"，例如，"h"的反向序号是-7。
- 两者关系：正向序号-反向序号=L。

（2）字符串的索引。对字符串中的某个字符的检索称为索引。字符串是字符的有序集合，可以通过其位置来获得某个具体的字符元素。

索引的语法格式如下：

```
<字符串或字符串变量>[序号]
```

例如，有字符串变量 s="python.org"，其相关字符的索引方法如图 2-14 所示。如果索引序号不在字符串的范围内，则系统返回红色的错误提示"IndexError: string index out of range"。

（3）字符串的切片。对字符串中的某个子串的检索称为切片，切片结果仍然是一个字符串。索引是切片的特殊形式。

切片的语法格式如下：

```
<字符串或字符串变量>[start: end: step]
```

```
>>> s = 'python.org'
>>> s[0]
'p'
>>> s[3]
'h'
>>> s[9]
'g'
>>> s[-1]
'g'
>>> s[-7]
'h'
>>> s[-10]
'p'
>>> s[10]
Traceback (most recent call last):
  File "<pyshell#8>", line 1, in <module>
    s[10]
IndexError: string index out of range
>>> s[-11]
Traceback (most recent call last):
  File "<pyshell#9>", line 1, in <module>
    s[-11]
IndexError: string index out of range
```

图 2-14　字符串的索引

说明：

① start：切片开始的字符序号。正向索引 start 的默认值为 0，切片从第一个元素开始时，start 可以省略。逆向索引 start 的默认值为负的序列长度。

② end：切片结束的字符序号。指定的区间属于"左闭右开"，从 start 位开始，到 end 位的前一位结束（不包含结束位本身）。

正向索引最后一个字符的序号为 $L-1$，逆向索引最后一个元素序号为 $-L$（L 为字符串的长度）。

③ step：步长，取字符的间隔数，默认为 1。步长值可以为负值，但步长不能为 0。步长为正时，正向切片；步长为负时，逆向切片。

④ 序号可以是正数或负数，可以混合使用正向递增序号和反向递减序号。

⑤ 下标为空表示取到头或尾。从头开始，start 索引数字可以省略，冒号不能省略；到末尾结束，end 索引数字可以省略，冒号不能省略。

⑥ 当 start 或 end 超出字符串中的有效索引范围时，切片操作不会抛出异常，而是进行截断（可以假想把索引范围扩充到全体整数，只不过小于或大于的区域对应为空元素，系统在这个扩充后的数轴上进行切片，最终结果把所有的空元素忽略）。

如有字符串变量 s="python.org"，其正向和反向切片方法分别如表 2-12 和表 2-13 所示。

表 2-12　字符串正向切片举例

举例	结果	说明
s[0:1]	p	取序号为 0～1 的字符串，但不包括序号为 1 的字符
s[0:4]	pyth	取序号为 0～4 的字符串，但不包括序号为 4 的字符
s[5:9]	n.or	取序号为 5～9 的字符串，但不包括序号为 9 的字符
s[5:100]	n.org	end 值>字符串长度 10，取序号为 5～末尾的所有字符
s[5:-1]	n.or	取序号为 5～末尾的字符串，但不包括末尾的字符
s[5:]	n.org	取序号为 5～末尾的所有字符
s[-4:-1]	.or	取序号为-4～末尾的字符串，但不包括末尾的字符
s[:]	python.org	取所有字符

举例	结果	说　明
s[5:9:3]	nr	取序号为 5～9 的字符串中间隔 3 个的字符，但不包括序号为 9 的字符
s[5:-1:4]	n	取序号为 5～末尾的字符串中间隔 4 个的字符，但不包括末尾的字符
s[-6::5]	og	取序号为-6～末尾的所有字符串中间隔 5 个的字符
s[:8:3]	ph.	取开始～序号为 8 的字符串中间隔 3 个的字符，但不包括序号为 8 的字符
s[::2]	pto.r	取字符串中所有的间隔 2 个的字符

表 2-13　字符串反向切片举例

举例	结果	说　明
s[-2:-6:-1]	ro.n	从右向左反向取序号为-2～-6 的字符串，但不包括序号为-6 的字符
s[-2:-6:-3]	rn	从右向左反向取序号为-2～-6 的字符串中间隔 3 个的字符，但不包括序号为-6 的字符
s[0:4:-1]		从右向左反向取字符串，但 begin 和 end 两个值的方向相背，没有符合的数据
s[3::-1]	htyp	从右向左反向取序号为 3～开头的所有字符串
s[:-6:-1]	gro.n	从右向左反向取末尾～序号为-6 的所有字符串，但不包括序号为-6 的字符
s[::-1]	gro.nohtyp	实现字符串逆序输出
s[::-5]	go	从右向左反向取所有字符串间隔 5 个的字符

3. 字符串的操作

（1）操作符。

常用的字符串操作符说明及应用如表 2-14 所示。

表 2-14　常用的字符串操作符

操作符	功　能	举例（假设 str = "python"，x = ".org"）
+	s1 + s2。依次连接字符串 s1 和字符串 s2，得新的字符串	str + x = "python.org"
*	s * n 或 n * s。字符串 s 重复 n 次，得到新的字符串。当 n 小于或等于 0 时会被当作 0 来处理，此时将产生一个空字符串	str * 2 = "pythonpython" str * 0 = "" -5 * str = ""
in	是否包含子串（成员测试），x in s。如果 x 是 s 的子串，则返回 True，否则返回 False。一般用于条件运算，根据测试结果决定执行后续程序中的某个分支	x in str = False "y" in str = True
not in	是否不包含子串。不包含返回 True，否则返回 False	x not in str = True "y" not in str = False

（2）比较运算。

在 Python 中，字符是区分大小写的，且是可以比较大小的。比较的方法是 2 个字符串从左到右依次比较每个字符，根据字符的 Unicode 值来比较大小。

字符的 Unicode 值可以通过函数 ord(x)得到，例如，ord("M")=77，ord("m")=109。也可以通过查找 ASCII 码表（见图 2-15）来获得。

低四位	\ 高四位	ASCII非打印控制字符 0000 (0)					ASCII非打印控制字符 0001 (1)					0010 (2)		0011 (3)		0100 (4)		0101 (5)		0110 (6)		0111 (7)	
		十进制	字符	ctrl	代码	字符解释	十进制	字符	ctrl	代码	字符解释	十进制	字符	十进制	字符	十进制	字符	十进制	字符	十进制	字符	十进制	字符	ctrl
0000	0	0	BLANK NULL	^@	NUL	空	16	►	^P	DLE	数据链路转意	32		48	0	64	@	80	P	96	`	112	p	
0001	1	1	☺	^A	SOH	头标开始	17	◄	^Q	DC1	设备控制1	33	!	49	1	65	A	81	Q	97	a	113	q	
0010	2	2	☻	^B	STX	正文开始	18	↕	^R	DC2	设备控制2	34	"	50	2	66	B	82	R	98	b	114	r	
0011	3	3	♥	^C	ETX	正文结束	19	‼	^S	DC3	设备控制3	35	#	51	3	67	C	83	S	99	c	115	s	
0100	4	4	♦	^D	EOT	传输结束	20	¶	^T	DC4	设备控制4	36	$	52	4	68	D	84	T	100	d	116	t	
0101	5	5	♣	^E	ENQ	查询	21	§	^U	NAK	反确认	37	%	53	5	69	E	85	U	101	e	117	u	
0110	6	6	♠	^F	ACK	确认	22	■	^V	SYN	同步空闲	38	&	54	6	70	F	86	V	102	f	118	v	
0111	7	7	•	^G	BEL	震铃	23	↨	^W	ETB	传输块结束	39	'	55	7	71	G	87	W	103	g	119	w	
1000	8	8	◘	^H	BS	退格	24	↑	^X	CAN	取消	40	(	56	8	72	H	88	X	104	h	120	x	
1001	9	9	○	^I	TAB	水平制表符	25	↓	^Y	EM	媒体结束	41	)	57	9	73	I	89	Y	105	i	121	y	
1010	A	10	◎	^J	LF	换行/新行	26	→	^Z	SUB	替换	42	*	58	:	74	J	90	Z	106	j	122	z	
1011	B	11	♂	^K	VT	竖直制表符	27	←	^[	ESC	转意	43	+	59	;	75	K	91	[	107	k	123	{	
1100	C	12	♀	^L	FF	换页/新页	28	∟	^\	FS	文件分隔符	44	,	60	<	76	L	92	\	108	l	124			
1101	D	13	♪	^M	CR	回车	29	↔	^]	GS	组分隔符	45	-	61	=	77	M	93	]	109	m	125	}	
1110	E	14	♫	^N	SO	移出	30	▲	^6	RS	记录分隔符	46	.	62	>	78	N	94	^	110	n	126	~	
1111	F	15	☼	^O	SI	移入	31	▼	^-	US	单元分隔符	47	/	63	?	79	O	95	_	111	o	127	Δ	^Back space

图 2-15　ASCII 码表

（3）函数。

常用的字符串内置函数说明及应用如表 2-15 所示。

表 2-15　常用的字符串内置函数

内置函数	功　　能	举例（假设 str = "Python"）
len(s)	返回字符串 s 的长度	len(str) = 6
ord(s)	返回字符 s 对应的 Unicode 编码	ord("P") =80
chr(s)	s 为 Unicode 编码，返回其对应的字符	chr(110) = "n"
max(s)	返回字符串 s 中的最大的字母	max(str) = "y"
min(s)	返回字符串 s 中的最小的字母	min(str) = "P"

（4）方法。

在 Python 解释器内部，所有数据类型都采用面向对象的方式实现，封装成一个类。字符串也是一个类，它具有类似 "<str>.func(x)" 形式的字符串处理函数。在面向对象中，这类函数称为方法。

方法的调用形式 "<str>.func(x)"，仅作用于前导对象<str>，并返回新字符串，不改变原字符串。

常用的字符串处理方法及应用如表 2-16 所示。

表 2-16　常用的字符串处理方法

方　　法	功　　能	举例（假设 s = "Python"，x = "2024"）
str.lower()	全部字符小写	"Python".lower() = "python" s.lower() = "python"

方　　法	功　　能	举例（假设 s = "Python"，x = "2024"）
str.upper()	全部字符大写	s.upper() = "PYTHON"
str.capitalize()	把字符串第一个字母大写，其余小写	s.capitalize() = "Python"
str.swapcase()	字符串大写和小写字母相互转换	s.swapcase()= "pYTHON"
str.islower()	当 str 所有字符都是小写时，返回 True，否则返回 False	s.islower() = False
str.isupper()	当 str 所有字符都是大写时，返回 True，否则返回 False	s.isupper() = False
str.isnumeric()	当 str 所有字符都是数字时，返回 True，否则返回 False	s.isnumeric() = False x.isnumeric() = True
str.isspace()	当 str 所有字符都是空格时，返回 True，否则返回 False	s.isspace() = False
str.startswith(prefix[,start [,end]])	以 prefix 开始返回 True，否则返回 False	s.startswith("P") = True s.startswith("P",1,2) = False
str.endswith(suffix[,start [,end]])	以 suffix 结尾返回 True，否则返回 False	s.endswith("P") = False
str.count(sub)	返回子串 sub 在 str 中出现的次数	str.count("y") = 1
str.replace(old, new)	str 字符串中的 old 子串都被替换为 new 子串	s.replace("on", x) = "Pyth2024"
str.strip(chars)	从 str 左侧和右侧去掉 chars 中列出的所有字符	x.strip("24") = "0"
str.find (sub[,start[,end]])	从左到右，检索 sub 子串第一次出现位置（正向索引序号），没找到时返回-1	x.find ("2") = 0 x.find ("1") = −1
str.rfind (sub[,start[,end]])	从右到左，检索 sub 子串第一次出现位置（正向索引序号），没找到时返回-1	x.rfind ("2") = 2 x.rfind ("4") =3
str.zfill(width)	返回 width 长度的字符子串，长度不够时，用 0 填充。主要用于数字型字符串	x.zfill(10) = "0000002024"
str.split(sep)	将 str 按 sep 分割出元素，并组成一个列表。sep 默认为空格	"PYTHON 2024".split() = ['PYTHON', '2024']
str.join(data)	用 str 将组合数据类型 data 中的各个元素连接起来，形成一个新的字符串	".".join(['PYTHON', 'ORG']) = "PYTHON.ORG"
str.format()	字符串格式化输出的一种方式，具体见 2.4.2 节	

说明：部分方法涉及组合数据类型（如列表），具体数据类型说明见 2.2.4 节。

【例 2-3】 隐藏身份证号的部分信息。

在进行用户数据显示或打印时，有时需要将该用户的身份证号的部分信息进行隐藏，以便保护该用户的个人隐私，如高铁票只显示身份证号的前 10 位和后 4 位的信息，其他信息用 "*" 代替。用 Python 编程实现此功能。

【任务实现】

任务分析：可以用字符串的切片方式获取到用户的身份证号的前 10 位（[:10]）和后 4 位（[-4:]），隐藏的 4 个字符可以用字符串乘法实现 "*" 的重复输出，最后用字符串连接操作 "+" 把这三部分信息拼接起来。

具体程序代码及运行结果如图 2-16 所示。

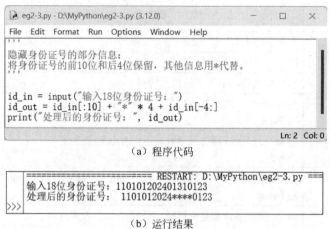

（a）程序代码

（b）运行结果

图 2-16 隐藏身份证号的部分信息

4. 类型转换

我们在实际应用中，经常需要对内置的数据类型进行类型转换，如数据输入 input() 函数获取到的数据是字符串型，需要将数据转为数字类型后再进行计算。

（1）type() 函数。

不同类型的数据的相关操作是不同的，所以了解变量的数据类型是非常必要的，Python 系统内置的 type() 函数可以用来查看变量的数据类型。

type() 函数的语法格式如下：

```
<变量> = type(<变量>)
```

功能：查看数据类型。

返回值：常用的数据类型返回结果如表 2-17 所示。

表 2-17 常用的数据类型返回结果

举 例	返回结果	类 型
type(2024)	<class 'int'>	整型
type(2.024)	<class 'float'>	浮点型
type(2+3j)	<class 'complex'>	复数型
type(True)	<class 'bool'>	布尔型

续表

举　例	返回结果	类　型
type("2024")	<class 'str'>	字符串
type(["THU", 1911])	<class 'list'>	列表
type(("THU", 1911))	<class 'tuple'>	元组
type({"THU", 1911})	<class 'set'>	集合
type({"CCMU":1960, "PKU":1898, "THU":1911})	<class 'dict'>	字典

（2）eval( )函数。

eval( )函数的语法格式如下：

```
<变量> = eval(<字符串表达式>)
```

功能：用来执行一个字符串表达式，并返回表达式的值。字符串表达式可以包含变量、函数调用、运算符和其他 Python 语法元素。

返回值：将字符串转换为相应的对象，并返回表达式的结果。

函数执行时是去掉参数<字符串表达式>最外侧引号并执行余下的语句，示例如图 2-17 所示。

```
>>> a = "12+34"
>>> type(a)
<class 'str'>
>>> print(a)
12+34
>>> b = eval("12+34")
>>> type(b)
<class 'int'>
>>> print(b)
46
```

（a）示例 1

```
>>> c = eval("py")
Traceback (most recent call last):
  File "<pyshell#1>", line 1, in <module>
    c = eval("py")
  File "<string>", line 1, in <module>
NameError: name 'py' is not defined
>>> py = 2024
>>> d = eval("py")
>>> d
2024
```

（b）示例 2

图 2-17　eval()函数示例

注意：eval()函数执行的代码具有潜在的安全风险。如果使用不受信任的字符串作为表达式，则可能导致代码注入漏洞。

此外，eval()函数经常和 input()函数一起使用，用来获取用户输入的数字，例如，<变量> = eval(input([提示文字]))。

【**例 2-4**】改写例 2-2。实现根据用户所输入某男生的相关数据来计算该男生的基础代谢率。

【**任务实现**】

具体程序代码及运行结果如图 2-18 所示。

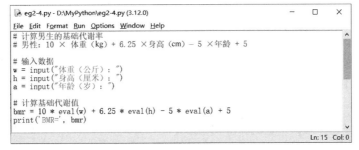

（a）程序代码

图 2-18　根据用户所输入的数据来计算基础代谢率

```
IDLE Shell 3.12.0                                        —    □    ×
File  Edit  Shell  Debug  Options  Window  Help
>>>
============ RESTART: D:\MyPython\eg2-4.py ============
体重（公斤）：80.5
身高（厘米）：185
年龄（岁）：18
BMR= 1876.25
>>>
                                                            Ln: 12  Col: 0
```

（b）运行结果

图 2-18 （续）

2.4 组合数据类型

Python3 中组合数据类型有三个子类：序列类型、集合类型和映射类型，不同类型的符号有所不同，其分类及数据示例如图 2-19 所示。

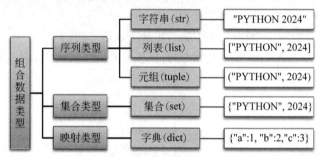

图 2-19 组合数据类型分类

序列类型是一维元素向量，元素之间存在先后关系，通过序号访问，各个元素的类型可以不同。由于元素之间存在顺序关系，所以序列中可以存在相同数值但位置不同的元素。序列类型的典型代表是字符串类型（str）、元组类型（tuple）和列表类型（list）。字符串是一种特殊的序列类型。

序列类型各具体类型使用相同的索引体系（正向递增索引和反向递减索引），索引和切片的方法与字符串的操作类似。

集合（set）是 0 个或多个元素的无序无重复数据的组合。

映射类型是"键 key-值 value"数据项的组合，每个元素是一个键值对 (key, value)。映射类型的典型代表是字典类型（dict）。

2.4.1 列表

列表（list）是包含 0 个或多个列表元素组成的有序序列。列表没有长度限制，列表元素类型可以不同，不需要预定义长度。列表是一个十分灵活的数据结构，列表元素可以进行增加、删除、替换、查找等操作。

1. 列表数据表示

列表类型用方括号"[ ]"表示，用逗号"，"分隔各个列表元素，例如，['a', 'b', 'c']，['PYTHON', 1991, 2024]等。

列表的元素也可以是组合数据（如列表等），例如，['a', 'b', ['PYTHON', 1991, 2024] , 'c']，

第三个元素是一个列表['PYTHON', 1991, 2024]。

列表可以通过 list()函数将集合或字符串类型转换成列表类型,例如,list("PYTHON") = ['P', 'Y', 'T', 'H', 'O', 'N']。

2. 索引与切片

(1)列表元素的序号体系。

同字符串一样,列表的各个元素也有两种序号体系,正向递增(从 0 递增)和反向递减(从-1 递减),如图 2-20 所示。

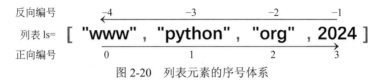

图 2-20　列表元素的序号体系

可以通过列表某位置的赋值运算来实现列表元素的替换。

例如,列表 ls=['www', 'python', 'org', 2024],执行赋值运算"ls[3]=2025"后,则列表 ls=['www', 'python', 'org', 2025]。

(2)列表元素的索引。

对列表中的某个元素的检索称为索引,可以通过其位置来获得某个具体的列表元素。索引结果的数据类型为所取到的列表元素的数据类型。

索引的语法格式如下:

```
<列表或列表变量>[序号]
```

例如,列表 ls=['www', 'python', 'org', 2024]中的"python"元素,其相关的索引方法为 ls[1]或 ls[-3]。如果索引序号不在列表的范围内,则系统返回红色的错误提示"IndexError: string index out of range"。

(3)列表元素的切片。

对列表中的某个片段的检索称为切片。方法同字符串的切片操作类似。

切片结果仍然是一个列表。可以对切片的结果再次切片,即多层切片。理论上,只要上一次返回的是非空可切片对象,就可无限次进行切片操作。

切片的语法格式如下:

```
<列表或列表变量>[start: end: step]
```

说明:

① start:切片开始的元素序号。正向索引 start 的默认值为 0,切片从第一个元素开始时,start 可以省略。逆向索引 start 的默认值为负的序列长度。

② end:切片结束的元素序号。指定的区间属于"左闭右开",从 start 位开始,到 end 位的前一位结束(不包含结束位本身)。

正向索引最后一个元素序号为 L-1,逆向索引最后一个元素序号为-L(L 为列表的元素个数)。

③ step:步长,取列表元素的间隔数,默认为 1。步长值可以为负值,但步长不能为 0。步长为正时,正向切片;步长为负时,逆向切片。

④ 序号可以是正数或负数，可以混合使用正向递增序号和反向递减序号。

⑤ 下标为空表示取到头或尾。从头开始，start 索引数字可以省略，冒号不能省略；到末尾结束，end 索引数字可以省略，冒号不能省略。

⑥ 当 start 或 end 超出字符串中的有效索引范围时，切片操作不会抛出异常，而是进行截断。

例如，有列表变量 ls=['www', 'python', 'org', 2024]，其正向和反向切片方法分别如表 2-18 和表 2-19 所示。

表 2-18　列表正向切片举例

举例	结　果	说　明
ls[0:1]	['www']	取序号为 0～1 的元素，但不包括序号为 1 的元素
ls[2:100]	['org', 2024]	end 值>列表元素个数，则取序号为 2～末尾的所有元素
ls[3:]	[2024]	取序号为 3～末尾的所有元素
ls[-3:-1]	['python', 'org']	取序号为-3～末尾的元素，但不包括末尾的元素
ls[:]	['www', 'python', 'org', 2024]	取所有元素
ls[0:3:2]	['www', 'org']	取序号为 0～3 的元素中间隔 2 个的元素，但不包括序号为 4 的元素
ls[::3]	['www', 2024]	取字符串中所有的间隔 3 个的元素
ls[::3][:1]	['www']	第一次切片：得到['www', 2024] 第二次切片：在第一次切片的基础上取前 1 个元素

表 2-19　列表反向切片举例

举例	结　果	说　明
ls[-2:-4:-1]	['org', 'python']	从右向左反向取序号为-2～-4 的元素，但不包括序号为-4 的元素
ls[-2:-4:-3]	['org']	从右向左反向取序号为-2～-4 的间隔 3 个的元素，但不包括序号为-5 的元素
ls[0:3:-1]	[ ]	从右向左反向取元素，但 begin 和 end 两个值的方向相背，没有符合的数据
ls[3::-1]	[2024, 'org', 'python', 'www']	从右向左反向取序号为 3～开头的所有元素
ls[:-3:-2]	[2024]	从右向左反向取末尾～序号为-3 的所有元素，但不包括序号为-3 的元素
ls[::-1]	[2024, 'org', 'python', 'www']	实现列表元素的逆序
ls[::-1][:2]	[2024, 'org']	第一次切片：得到[2024, 'org', 'python', 'www'] 第二次切片：在第一次切片的基础上取前 2 个元素

3. 列表的操作

（1）操作符。

同字符串操作符类似，列表的常用操作符运算说明及应用如表 2-20 所示。

（2）函数。

同字符串的内置函数运算类似，列表的常用内置函数说明及应用如表 2-21 所示。

表 2-20　列表的常用操作符

操作符	功　　能	举例（假设 ls = ['www', 'python', 'org', 2024], la = ['ccmu', 1960], lb = ['BJ', 2024], x = 'python', y = 2024）
+	la + lb。依次连接列表 la 和列表 lb 的元素，得到新的列表	la + lb = ['ccmu', 1960, 'BJ', 2024]
*	ls * n 或 n * ls。列表 ls 重复元素 n 次，得到新的列表 l。当 n 小于或等于 0 时会被当作 0 来处理，此时将产生一个空列表	la *2 = ['ccmu', 1960, 'ccmu', 1960] la * 0 = [ ] -5 * la = [ ]
in	成员测试。xinls，如果 x 是 ls 的子串，则返回 True，否则返回 False。一般用于条件运算，根据测试结果决定执行后续程序中的某个分支	la in ls = False x in ls = True y in lb = True "u" in la = False
not in	是否不包含成员。不包含返回 True,否则返回 False	la not in ls = True
del ls[i:j:k]	将 ls[i:j:k]切片的元素从 ls 列表中删除	del ls[:2] 说明：ls 变为['org', 2024]

表 2-21　列表的常用内置函数

内置函数	功　　能	举例（假设 ls = ['www', 'python', 'org']）
len(ls)	返回列表 ls 的长度	len(ls) = 3
max(ls)	返回列表 ls 中的最大的元素。如果列表中的元素类型不同，则无法比较	max(ls) = "www"
min(ls)	返回列表 ls 中的最小的元素。如果列表中的元素类型不同，则无法比较	min(ls) = "org"
range()	创建一个表示一系列整数的不可变序列。它通常用于 for 循环中，以控制循环的迭代次数	range(5) =[0, 1, 2, 3, 4]
sorted(列表, key=None, reverse=False)	对列表 ls 进行排序，返回一个新的已排序列表，而不修改原始列表。 • key（可选）：为每个元素生成一个排序键，然后按照这个键对元素进行排序。默认值为 None，表示按元素自身的值进行排序。 • reverse（可选）：排序规则，若 reverse=True，则降序；若 reverse = False，则升序（默认）	sorted(ls) = ['org', 'python', 'www'] sorted(ls,reverse=True) = ['www', 'python', 'org']

（3）方法。

列表的常用处理方法说明及应用如表 2-22 所示。

表 2-22　列表的常用处理方法

方　　法	功　　能	举例（假设 ls = ['www', 'python', 'org', ['cn', 2024]], la = ["cn", 2024], lb = ["cn"], lc = ['www', 'python', 'org'], x = "python", y = 2024）
ls.count(x)	元素 x 在列表 ls 中出现的次数	ls.count(la) = 1 ls.count(lb) = 0 ls.count(x) = 1

续表

方　　法	功　　能	举例（假设 ls = ['www', 'python', 'org', ['cn', 2024]], la = ["cn", 2024], lb = ["cn"], lc = ['www', 'python', 'org'], x = "python", y = 2024）
ls.index(x[, i[, j]])	将列表 ls 中的闭区间[i, j-1]内第一次出现元素 x 的位置返回。当要查询的元素不在列表中时，index 方法抛出 ValueError 异常	ls.index(x) =1 la.index(y,0,2) =1
ls.append(x)	在列表 ls 后添加元素 x	la.append(lb) 说明：la 变为['cn', 2024, ['cn']]
ls.insert(i, x)	在列表 ls 中第 *i* 个序号中添加元素 x	lb.insert(0,y) 说明：lb 变为[2024, 'cn']
ls.remove(x)	从列表 ls 中删除元素 x	ls.remove(x) 说明：ls 变为['www', 'org', ['cn', 2024]]
ls.reverse()	列表 ls 中的所有元素顺序反转	lb.reverse() 说明：lb 变为['cn', 2024]
ls.clear()	删除列表 ls 中的所有元素	la.clear () 说明：la 变为[]
ls.sort(cmp=None, key=None, reverse=False)	对列表的元素进行排序。原始列表被修改，不返回新的列表。 • cmp（可选）：使用该参数进行排序。 • key（可选）：用来进行比较的元素。 • reverse（可选）：排序规则，若 reverse=True，则降序；reverse = False，则升序（默认）	lc.sort() 说明：lc 变为['org', 'python', 'www'] lc.sort(reverse=True) 说明：lc 变为['www', 'python', 'org']

　　【例 2-5】　改写例 2-4。将根据用户输入某男生的相关数据存储在列表中，并通过列表中的数值来计算该男生的基础代谢率。

　　【任务实现】

　　具体程序代码及运行结果如图 2-21 所示。

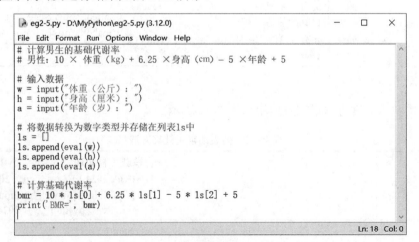

（a）程序代码

图 2-21　计算基础代谢率

（b）运行结果

图 2-21　（续）

2.4.2　元组

元组（tuple）类型用圆括号"()"表示，用逗号","分隔各个元组元素，例如，('a', 'b', 'c')，('CCMU', 1960, 2023)等。

元组的元素也可以是组合数据（如列表等），例如，('a', 'b', ['PYTHON', 2024] , 'c')，第三个元素是一个列表['PYTHON', 2024]。

元组可以通过 tuple()函数将集合或字符串类型转换成元组类型，例如，tuple('PYTHON') = ('P', 'Y', 'T', 'H', 'O', 'N')。

元组的序号体系以及元组的索引和切片的方法与列表类似，例如，tp = ('a', 'b', ['PYTHON', 2024] , 'c')，则 tp[1]= 'b'，tp[-1]= 'c'，tp[:2]= ('a', 'b') 等。

元组的一些操作方法与列表类似，不同之处在于元组的元素不能修改。如函数：len()、max()和 min()，如方法：tp.count(x)和 tp.index(x[, i[, j]])。由于元组的元素不能修改，所以涉及修改元组的元素数据的方法就不能使用了，例如，append(x)、insert(i, x)、remove(x)和 reverse()。

在程序开发应用中，如自定义函数返回多个值，就可以以元组数据类型返回函数值。

2.4.3　集合

集合（set）是一个无序的不重复元素序列，可以进行交集、并集、差集等常见的集合操作。由于集合的元素无序，所以没有索引和切片操作。

1. 集合数据表示

集合类型用花括号"{ }"表示，用逗号","分隔各个集合元素，例如，{'a', 'b', 'c'}，{'PYTHON', 1234, 2024}等。集合的元素只能是不可变数据类型（数值型、布尔型、字符串和元组）。

集合可以通过 set()函数将字符串类型转换成集合类型，例如，set('PYTHON') = { 'P', 'Y', 'T', 'H', 'O', 'N'}。由于集合元素是不重复的，所以可以用来对字符串、列表、元组进行去重操作。

注意：创建一个空集合必须用 set()函数而不是花括号{ }，因为花括号{ }是用来创建一个空字典的。

2. 集合的操作

（1）集合运算。

集合类型与数学中的集合概念类似，也有并集（|）、交集（&）、差集（-）和补集（^）运算。集合运算结果会产生一个新的集合，而原集合的数据保持不变。集合运算举例如

表 2-23 所示。

表 2-23　集合运算

运算	操作符	方　法	图示	功　能	举例（假设 s1 = {'PYTHON', 2024}，s2 = {'BJ', 2024}）
并集	S | T	S.union(T)		包含 S 和 T 所有元素，如有元素重复，则只保留一份	s1 | s2 ={'PYTHON', 'BJ', 2024} s1.union(s2) ={'PYTHON', 'BJ', 2024}
交集	S & T	S. intersection(T)		含有 S 和 T 同时包含的元素	s1 & s2 ={2024} s1.intersection(s2) ={2024}
差集	S - T	S.difference(T)		含有 S 的元素，但不包含 T 的元素	s1 − s2 = {'PYTHON'} s1.difference(s2) = {'PYTHON'}
补集	S ^ T	S.symmetric_difference(T)		含有 S 和 T 元素，但不包含两者共有的元素	s1 ^ s2 = {'BJ', 'PYTHON'} s1.symmetric_difference(s2) = {'BJ',　'PYTHON'}

（2）函数和方法。

集合常用的内置函数和方法的示例如表 2-24 所示。

表 2-24　集合常用的内置函数和方法

内置函数和方法	功　能	举例（假设 st = {'www', 'ccmu', 'edu', 'cn'}，x = 'ccmu'，y = 1960，z={}）
len(S)	返回集合 S 的元素个数	len(st) = 4
x in S	成员测试。集合 S 包含 x 返回 True，否则返回 False	x in st = True
x not in S	成员测试。集合 S 不包含 x 返回 True,否则返回 False	y not in st = True
S.add(x)	如果集合 S 中不含 x，则把 x 添加到集合 S 中	st.add(x) = {'www', 'ccmu', 'edu', 'cn'} st.add(y)={'www','ccmu','edu','cn',1960}
S.discard(x)	如果集合 S 中含有 x，则把 x 从集合 S 中删除；如果不含有，则无变化	st.discard(x) st 变为{'www', 'edu', 'cn'}

S.remove(x)	如果集合 S 中含有 x，则把 x 从集合 S 中删除；如果不含有，则会有 "KeyError" 报错	st.remove(y)
		说明：无 y 值 1960，删除异常
		<pre>>>> st. remove(y)
		Traceback (most recent call last):
		  File "<pyshell#43>", line 1, in <module>
		    st. remove(y)
		KeyError: 1960</pre>

S.pop()	随机从集合 S 中取一个元素，并从集合中删除该元素。如果集合 S 为空，则会有 "KeyError" 报错。常用于集合遍历所有元素用	a = z.pop()
		说明：集合 z 为空，弹出异常
		<pre>>>> a = z. pop()
		Traceback (most recent call last):
		  File "<pyshell#45>", line 1, in <module>
		    a = z.pop()
		TypeError: pop expected at least 1 argument, got 0</pre>

S.clear()	删除集合 S 中所有的元素	st.clear() 说明：st 变为{ }

2.4.4 字典

"键值对"（key-value）是组织数据的一种重要方式，通过键（key）的信息对应一个值

（value）的信息，这个过程称为映射。Python 中的字典（dict）数据类型可以来实现这种映射。

1. 字典数据表示

字典数据的语法格式如下：

```
{key1 : value1, key2 : value2,…, keyN : valueN }
```

例如，{"CCMU":1960, "PKU":1898, "THU":1911}。另外，可以使用内建函数 dict()或花括号{}来创建一个空字典。

字典的键（key）必须是唯一不重复的，且必须是不可变数据类型（数值型、布尔型、字符串和元组）。创建时如果同一个键（key）被赋值两次，则系统保留的是后一个键（key）的值。字典的值（value）可以重复，且可以取任何数据类型。

字典可以用来存储多组数据，通常用于存储描述可区分的多个事物的相关信息，例如，存储学生的基本信息可以用{"S2301":["张三","女",17], "S2302":["李四","男",18], "S2303":["王五","男",19]}来表示。

字典各个元素是没有顺序的，字典元素"键值对"中键（key）是值（value）的索引。因此，可以通过键（key）来取对应的值（value），例如，d["CCMU"]=1960，d["S2301"]=["张三","女",17]等。

2. 字典的操作

字典常用的内置函数和方法示例如表 2-25 所示。

表 2-25　字典常用的内置函数和方法

内置函数和方法	功　能	举例（假设 d = {'CCMU':1960, 'PKU': 1898, 'THU':1911}, x = 'CCMU', y = 1960）
len(d)	返回字典 d 的"键值对"个数	len(st) = 3
key ind	成员测试。字典 d 包含键 key 则返回 True，否则返回 False	x in d= True y in d = False
key not in d	成员测试。字典 d 不包含键 key 则返回 True，否则返回 False	ynot in d = True
del d[key]	如果字典 d 中含有键 key，则把 key "键值对"从字典 d 中删除；如果不含有，则会有"KeyError"报错	del d['ccmu'] 说明：不存在键'ccmu'，删除异常 ```\n>>> del d['ccmu']\n Traceback (most recent call last):\n File "<pyshell#10>", line 1, in <module>\n del d['ccmu']\n KeyError: 'ccmu'\n```
d.keys()	返回字典 d 所有的"键（key）"的信息，数据类型为"dict_keys"	d.keys() = dict_keys(['CCMU', 'PKU', 'THU'])
d.values()	返回字典 d 所有的"值（value）"的信息，数据类型为"dict_values"	dict_values([1960, 1898, 1911])
d.items()	返回字典 d 所有的"键值对（key-value）"的信息，数据类型为"dict_items"	d.items() = dict_items([('CCMU', 1960), ('PKU', 1898), ('THU', 1911)])
d.get(key [, default])	返回字典 d 的键为 key 所对应的值（value）信息，如果不存在，则返回默认值 default。d 不变	d.get('CCMU') = 1960 d.get('ccmu') = None d.get('ccmu', 1960) = 1960

续表

内置函数和方法	功　　能	举例（假设 d = {'CCMU':1960, 'PKU': 1898, 'THU':1911}, x = 'CCMU', y = 1960）

d.pop(key [,default])	返回字典 d 的键为 key 所对应的值（value）信息，且从字典 d 中删除该"键值对"。当不存在键 key 时，如果有默认值 default，则返回 default，字典 d 不变；如果没有默认值 default，则返回 KeyError 错误，字典 d 不变	d. pop('CCMU') = 1960
		说明：d 变为{'PKU': 1898, 'THU': 1911}
		d.pop('ccmu', 1960) = 1960
		说明：不存在键'ccmu', d 不变
		d.pop('ccmu')
		说明：不存在键'ccmu'，弹出异常
		<pre>>>> d.pop('ccmu')
		Traceback (most recent call last):
		  File "<pyshell#27>", line 1, in <module>
		    d.pop('ccmu')
		KeyError: 'ccmu'</pre>

d.popitem()	以元组形式返回并删除字典 d 中的最后一对键和值	d.popitem() = ('THU', 1911)
d.clear()	删除字典 d 中所有的键值对	d.clear() 说明：d 变为{ }

【例 2-6】　改写例 2-5。根据用户输入某男生的学号及相关数据，计算该男生的基础代谢率，并将数据存储起来，实现一位学号有对应的一条数据记录。

【任务实现】

任务分析：数据存储可以采用字典数据类型，键（key）为学号，值（value）采用列表类型保存学生的基础数据及所计算出的基础代谢率。

具体程序代码及运行结果如图 2-22 所示。

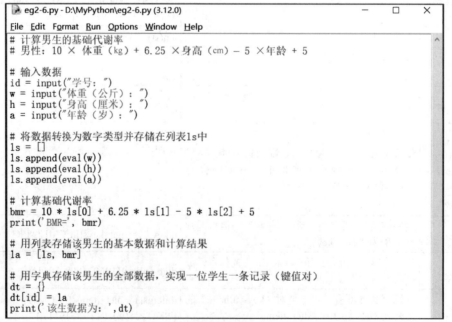

```python
# 计算男生的基础代谢率
# 男性：10 × 体重（kg）+ 6.25 ×身高（cm）− 5 ×年龄 + 5

# 输入数据
id = input("学号：")
w = input("体重（公斤）：")
h = input("身高（厘米）：")
a = input("年龄（岁）：")

# 将数据转换为数字类型并存储在列表ls中
ls = []
ls.append(eval(w))
ls.append(eval(h))
ls.append(eval(a))

# 计算基础代谢率
bmr = 10 * ls[0] + 6.25 * ls[1] - 5 * ls[2] + 5
print('BMR=', bmr)

# 用列表存储该男生的基本数据和计算结果
la = [ls, bmr]

# 用字典存储该男生的全部数据，实现一位学生一条记录（键值对）
dt = {}
dt[id] = la
print('该生数据为：',dt)
```

（a）程序代码

图 2-22　计算并存储基础代谢率

```
IDLE Shell 3.12.0                                    —    □    ×
File  Edit  Shell  Debug  Options  Window  Help
=================== RESTART: D:\MyPython\eg2-6.py ===================
学号：202318
体重（公斤）：80.5
身高（厘米）：185
年龄（岁）：18
BMR= 1876.25
该生数据为： {'202318': [[80.5, 185, 18], 1876.25]}
>>>
```

（b）运行结果
图 2-22 （续）

2.4.5　组合数据的对比和转换

1. 组合数据的对比

列表、元组、字典和集合的对比如表 2-26 所示。

表 2-26　列表、元组、字典和集合的对比

对比项	列　　表	元　　组	集　　合	字　　典
数据表示	方括号[ ]，例如，['CCMU', 1960]	圆括号( )，例如，('CCMU', 1960)	花括号{ }，例如，{'CCMU', 1960}	花括号{ }，元素为键值对，例如，{'CCMU':1960, 'THU':1911}
元素是否有序	有序	有序	无序	无序
元素可否重复	是	是	否	键不能重复
元素可否读写	读写	只读	读写	读写
添加元素方法	append	不能添加元素	add	d[key] = value
删除指定元素	remove	不能删除元素	remove，discard	del
读取数据方法	索引或切片，例如，ls[0]，ls[2:]	索引或切片，例如，tp[0]，tp[2:]	随机 pop	（1）通过 key 来查找获取，例如，d[key]，get （2）随机 pop，popitem

2. 组合数据的转换

字符串、列表、元组、字典和集合的部分相互转换方法如表 2-27 所示（表中数据转换方向：行向列转换）。

表 2-27　字符串、列表、元组、字典和集合的部分相互转换方法

	字符串	列表	元组	集合	字　　典
字符串 str= 'PYTHON'		list(str) str.split('')	tuple(str)	set(str)	eval()函数，可以将字典格式的字符串转换为字典
列表 ls = ['P', 'Y', 'T', 'H', 'O', 'N']	''.join(ls)		tuple(ls)	set(ls)	（1）dict()函数，可以将列表中的每个元素是长度为 2 的元组或列表转换为字典 （2）可以用 zip()函数将两个元素个数一样的列表进行合并，再用 dict()函数将其转为字典
元组 tp = ('P', 'Y', 'T', 'H', 'O', 'N')	''.join(tp)	list(tp)		set(tp)	可以用 zip()函数将两个元素个数一样的元组进行合并，再用 dict() 函数将其转为字典

	字符串	列表	元组	集合	字　　典
集合 st = {'P', 'Y', 'T', 'H', 'O', 'N'}	''.join(st)	list(st)	tuple(st)		可以用 zip()函数将两个元素个数一样的集合进行合并，再用 dict() 函数将其转为字典

（1）字符串转字典。

具有字典格式的字符串 str = "{'CCMU':1960, 'THU':1911}"，可以用 eval()函数来实现转为字典类型：dt = eval(str)。但如果字符串 str 不是具有字典格式的数据，则会报 SyntaxError 错误。

（2）列表转字典。

方法一：dict()函数，可以将列表中的每个元素是长度为 2 的元组或列表进行转换。

① 有列表 la，它每个元素都是长度为 2 的元组：la = [('CCMU',1960),('THU', 1911)]，可以通过 dict()函数转为字典：dt = dict(la)；

② 有列表 lb，它每个元素都是长度为 2 的列表：lb = [['CCMU',1960],['THU', 1911]]，也可以通过 dict()函数转为字典：dt = dict(lb)。

但如果列表中的每个元素不是长度为 2 的元组或列表的数据，则会报 ValueError 错误。

方法二：zip() 和 dict()函数，可以用 zip()将两个元素个数一样的列表进行合并，再用 dict()函数将其转为字典。

例如，有两个列表 la=['CCMU','THU']和 lb = [1960,1911]，转换为字典的方法：lab = zip(la,lb)、dt = dict(lab)。

（3）元组转字典。

可以用 zip()函数将两个元素个数一样的元组进行合并，再用 dict()函数将其转为字典。有两个元组 ta=('CCMU','THU')和 tb = (1960,1911)，转换为字典的方法：tab = zip(ta,tb)、dt = dict(tab)。

（4）集合转字典。

可以用 zip()函数将两个元素个数一样的集合进行合并，再用 dict()函数将其转为字典。有两个集合 sta= {'CCMU','THU'}和 tb = {1960,1911}，转换为字典的方法：stab = zip(sta,stb)、dt = dict(stab)。

2.5　数据的格式化输出

在 Python 中，可以使用不同的方法来格式化输出数据，以控制数据的呈现方式。以下是一些常见的数据格式化输出方法。

2.5.1　占位符

Python 2.6 版本之前沿用 C 语言的输出格式，即在 print()函数中使用占位符 "%" 来格式化字符串。

1. 格式说明

占位符 "%" 的语法格式如下：

```
print(<输出字符串模板>% (<变量 1>, <变量 2>,…, <变量 n>))
```

在用 print() 函数输出数据时,可以使用以 "%" 开头的占位符对各种类型的数据进行格式化输出,如%s、%d 等。

占位符(也称为格式化操作符、转换说明符),它会被后面表达式(变量、常量、数字、字符串、加减乘除等各种形式)的值代替。常用占位符如表 2-28 所示。

表 2-28　常用占位符

格　式	符号转换	格　式	符号转换
%c	字符	%o	八进制整数
%s	通过 str() 字符串转换来格式化	%x、%X	十六进制整数
%i、%d	有符号十进制整数	%e、%E	科学记数法表示的浮点数
%u	无符号十进制整数	%%	输出%
%f、%F	转换为十进制浮点数		

使用占位符 "%" 表示字符串中变量的位置,传入的值要与占位符 "%" 的变量一一对应。如果有两个及以上的值则需要用圆括号括起来,中间用逗号隔开。此外,在占位符中还可以插入修饰符来完善格式化操作,如 "%03d" 等。常用的修饰符如表 2-29 所示。

表 2-29　常用的修饰符

格式	符号转换
-	左对齐显示。默认是右对齐显示
+	在正数前面显示加号(+)
#	在八进制数前面显示零(0),在十六进制数前面显示 x 或者 0X
0	显示的数字前面填充 "0",默认填充的是空格
m.n.	m 和 n 为整数,可以组合或单独使用。其中 m 表示最小显示的总宽度,如果超出,则原样输出; n 表示可保留的小数点后的位数或者字符串的个数
*	定义最小显示宽度或者小数位数

2. 举例

占位符 "%" 使用示例如图 2-23 所示。

```
>>> name = "Penicillin"
>>> year = 1928
>>> print("%s发明于%d年,已有%d年历史。"%(name, year, 2024-year))
    Penicillin发明于1928年,已有96年历史。
>>>
>>> ln = ['Aspirin', 'Penicillin']
>>> ly = [1897, 1928]
>>> print("%10s发明于%d年,已有%3d年历史。"%(ln[0], ly[0], 2024-ly[0]))
        Aspirin发明于1897年,已有127年历史。
>>> print("%10s发明于%d年,已有%3d年历史。"%(ln[1], ly[1], 2024-ly[1]))
    Penicillin发明于1928年,已有 96年历史。
```

图 2-23　占位符 "%" 使用示例

2.5.2　str.format 格式化

str.format 是 Python2.6 新增的格式化字符串的函数,相比占位符 "%" 格式化方法,它的优点是参数顺序可以不相同、填充方式十分灵活且对齐方式十分强大等。

1. 基本格式

str.format()函数的语法格式如下：

```
<格式化字符串>.format(<变量 1>, <变量 2>,…, <变量 n>)
```

在用 print()函数输出数据时，使用花括号{}表示占位符，并通过调用".format()"方法来传递变量值。数据填充有三种方式：按顺序填充、按变量名填充和按序号填充。基本使用举例如图 2-24 所示。

（1）按顺序填充。花括号{}表示一个槽位，括号中的内容由 str.format()中的参数，按顺序依次填充。

（2）按变量名填充。花括号{varname}中填写变量名，槽位中的内容由 str.format()中的对应变量名的值填充。

（3）按序号填充。通过 str.format()参数的序号在模板字符串槽{}中指定参数的使用，参数从 0 开始编号。如果引用越界的话，系统则会报"IndexError"错误。

```
>>> tyear = 2024
>>> ln = ['Aspirin', 'Penicillin']
>>> ly = [1897, 1928]
>>>
>>> print("现在是{}月，马上到{}年了。".format(2023,12,tyear))
现在是2023年12月，马上到2024年了。
>>> print("{}发明于{}年，已有{}年历史。".format(ln[0],ly[0],tyear-ly[0]))
Aspirin发明于1897年，已有127年历史。
>>> print("{0}发明于{1}年，已有{2}年历史。".format(ln[1],ly[1],tyear-ly[1]))
Penicillin发明于1928年，已有96年历史。
>>> print("{1}发明于{2}年，已有{3}年历史。".format(ln[1],ly[1],tyear-ly[1]))
Traceback (most recent call last):
  File "<pyshell#8>", line 1, in <module>
    print("{1}发明于{2}年，已有{3}年历史。".format(ln[1],ly[1],tyear-ly[1]))
IndexError: Replacement index 3 out of range for positional args tuple
>>>
```

图 2-24　str.format 基本使用举例

2. 格式控制

格式控制的语法格式如下：

```
{<参数序号>：<格式控制标记>}
```

格式控制标记包括 6 个可选项，分为两组，由引导符号"："作为引导标记。格式控制标记具体含义如表 2-30 所示。

表 2-30　格式控制标记

统一前缀	显示格式规范			数据显示值规范		
：	填充	对齐	宽度	分隔符（,）	精度（.）	类型
引导符号	用于填充的单个字符	<：左对齐 >：右对齐 ^：居中对齐	该槽位 {} 的输出宽度	数字的千位分隔符	浮点数：小数位的精度；字符串：最大输出长度	整数类型：b,c,d,o,x,X 浮点数类型：e,E,f,%

（1）显示格式规范。

● 填充：空余位置填充的字符。此处只能设置一个字符。

● 对齐：分别使用<、>和^三个符号表示左对齐、右对齐（默认）和居中对齐。

- 宽度：指当前槽位的设定输出字符宽度。如果该槽位参数实际值比宽度设定值大，则使用参数实际长度；如果该值的实际位数小于指定宽度，则按照对齐指定方式在宽度内对齐，默认以空格字符补充。

（2）数据显示值规范。

- 逗号（,）：用于显示数字数据类型数据的千位分隔符。
- 精度：
  - ➢ 浮点数：小数位的精度；
  - ➢ 字符串：最大输出长度。

但如果实际应输出长度超过该值设置，则以输出实际数据长度为准。

- 类型：设置整数或浮点数的显示格式。
  - ➢ 整数：b（二进制）、c（整数对应 Unicode 字符）、d（十进制）、o（八进制）、x 或 X（十六进制）。
  - ➢ 浮点数：e 或 E（科学记数法）、f（浮点数）、%（百分比）。

3. 举例

常用的格式控制方法示例如表 2-31 所示，假设 a=3.1415926，b=31415926。

str.format 格式控制举例如图 2-25 所示。

表 2-31　常用的格式控制方法示例

数据格式化	输　　出	说　　明
"{:.2f}".format(a)	3.14	保留小数点后两位
"{:+.2f}".format(a)	+3.14	带符号保留小数点后两位
"{:.0f}".format(a)	3	不带小数
"{:,}".format(b)	31,415,926	以逗号分隔的千位数字
"{:.2e}".format(b)	3.14e+07	科学记数法
"{:^12}".format(b)	'　31415926　'	宽度 12 位，数据居中。不足字符用空格补齐
"{:^2}".format(b)	'31415926'	宽度 2 位，数据居中。宽度比实际数据位数小，显示实际数据
"{:*<25}".format(b)	'31415926*****************'	显示宽度为 25，数据左对齐显示，不足字符用*补齐
"{:*^25,.2f}".format(b)	'******31,415,926.00******'	保留小数点后两位，以逗号分隔千位数字。显示宽度为 25，数据居中，不足字符用*补齐

```
>>> tyear = 2024
>>> ln = ['Aspirin', 'Penicillin']
>>> ly = [1897, 1928]
>>>
>>> print("现在是{:^6}年{:^4}月，马上到{:^6}年了。".format(2023, 12, tyear))
现在是 2023 年 12 月，马上到 2024 年了。
>>> print("{0[0]:*^11}发明于{1[0]:_^8}年,已有{2:_<5}年历史。".format(ln, ly, tyear-ly[0]))
**Aspirin**发明于__1897__年,已有127__年历史。
```

图 2-25　str.format 格式控制举例

2.5.3　f-string 格式化

Python 3.6 引入了 f-string（f-字符串）来创建格式化字符串。f-string 是在格式化字符串

前面加上前导字符 "f" 或 "F", 也是 "fast" 的意思。

从%s 格式化到 str.format 格式化再到 f-string 格式化, 格式化的方式越来越直观, f-string 的效率也较前两个高一些, 使用起来也比前两个简单一些。

1. 格式

f-string 在形式上是以 "f" 字符作为修饰符引领的字符串（f'或 F"）。字符串中的花括号{}表明将要被替换的字段, 可以填入变量名、表达式或调用函数, Python 会求出其结果并填入返回的字符串内。

f-string 就是在 str.format 格式化的基础之上做了一些变动, 核心使用思想和 str.format 一样。

2. 举例

常用的格式控制方法示例如表 2-32 所示, 表中 a=3.1415926, b=31415926。f-string 格式控制举例如图 2-26 所示。

可以与表 2-31 和图 2-25 对比一下 f-string 和 str.format 两种格式化的使用方法。

表 2-32　常用的格式控制方法示例

数据格式化	输　出	说　明
f"{a:.2f}"	3.14	保留小数点后两位
f"{a:+.2f}"	+3.14	带符号保留小数点后两位
f"{a:.0f}"	3	不带小数
f"{b:,}"	31,415,926	以逗号分隔的千位数字
f"{b:.2e}"	3.14e+07	科学记数法
f"{b:^12}"	'　31415926　'	宽度 12 位, 数据居中。不足字符用空格补齐
f"{b:^2}"	'31415926'	宽度 2 位, 数据居中。宽度比实际数据位数小, 显示实际数据
f"{b:*<25}"	'31415926*****************'	显示宽度为 25, 数据左对齐显示, 不足字符用*补齐
f"{b:*^25,.2f}"	'******31,415,926.00******'	保留小数点后两位, 以逗号分隔千位数字。显示宽度为 25, 数据居中, 不足字符用*补齐

```
>>> tyear = 2024
>>> ln = ['Aspirin', 'Penicillin']
>>> ly = [1897, 1928]
>>> print(f"现在是{2023:^6}年{12:^4}月, 马上到{tyear:^6}年了。")
现在是 2023 年 12 月, 马上到 2024 年了。
>>> print(f"{ln[0]:*^11}成立于{ly[0]:_^8}年, 已有{tyear-ly[0]:_<5}年历史。")
**Aspirin**成立于__1897__年, 已有127__年历史。
```

图 2-26　f-string 格式控制举例

本章小结

本章主要介绍了 Python 程序的语言基础, 如程序的编写规范、基本数据类型、组合数据类型、数据输入与输出以及常用的数据格式化输出方式等。

Python 程序的编写规范, 包括格式框架、命名规则、保留字和语句元素等; 基本数据类型包括数字类型、布尔类型和字符串类型; 组合数据类型包括列表、集合和字典。在数据输入与输出部分介绍了基本的输入与输出函数以及常用的三种数据格式化输出方式。

第3章

Python 程序控制结构

程序控制结构是编程中的基本构建块，它们使程序能够根据输入、数据和逻辑条件做出决策，实现不同的任务和功能。

3.1 程序结构

3.1.1 程序流程图

程序流程图是一种用统一规定的图形化符号表示计算机程序执行流程的工具。它通常用于可视化程序的结构和逻辑，以便开发人员更容易理解和分析程序的运行方式。它是程序分析和过程描述的最基本也是最常用的方式。

程序流程图包括各种符号和线条，用于表示不同的程序元素和它们之间的关系。以下是程序流程图中常见的一些元素，对应的图形符号如图 3-1 所示。

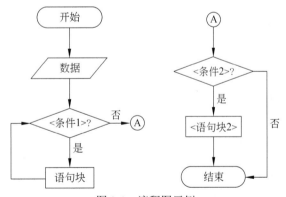

图 3-1　流程图示例

1. 开始或结束符号

通常用一个椭圆形 ⬭ 表示程序逻辑的开始或结束。

2. 流程步骤

流程步骤用矩形框 ☐ 表示，包含具体的操作或计算步骤。这些步骤通常按顺序排列，表示程序的主要逻辑。

3. 连接线

用箭头线条 ➡ 表示不同元素之间的流程方向，表示程序执行的顺序或分支条件。

4．条件语句

条件语句用菱形 ◇ 表示，表示根据条件表达式的不同结果，程序会选择不同的分支路径。通常在菱形内部写明条件，例如，x > 0。

5．输入或输出

输入或输出用平行四边形 ▱ 表示，表示程序与外部世界的数据输入和输出。

6．连接点

连接点用于多个流程图的连接，用圆圈〇表示，圈内标注要连接子流程图的标号，常用于将多个较小流程图组织成较大流程图。

3.1.2 程序流程结构

程序的执行顺序由程序结构决定，Python 中的程序有三种结构：顺序结构、分支结构和循环结构。

顺序结构按顺序依次执行程序语句。顺序结构是最简单的一种程序结构，它是按照先后顺序依次执行程序中的每一条语句。如第 2 章的例 2-2～例 2-6。

但是在实际应用中，只有顺序结构远不能完成复杂问题，常常会用到分支结构和循环结构。分支结构是根据条件判断来选择相应的程序运行，循环结构可以实现多次运行一条或多条语句。

3.2 分支结构

分支结构是根据条件表达式的值来选择程序运行的语句，分为单分支结构、双分支结构和多分支结构。

此外，在一个分支结构内部可以包含另一个或多个分支结构，即条件语句嵌套。这样就可以完成更为复杂的功能。

3.2.1 单分支结构：if 语句

1．语法格式

if 语句的语法格式如下：

```
if  <条件表达式> :
    <语句块>
```

2．说明

（1）<条件表达式>：一个条件用>（大于）、<（小于）、==（等于）、>=（大于或等于）、<=（小于或等于）等来表示数据关系，条件表达式可以是一个或多个条件组合（and , or , not）。

条件表达式的值为布尔型（bool），真为 True，假为 False。

此外，Python 程序语言指定任何非 0 和非空（Null）值为真（True），0 或者 Null 为假（False）。

当条件表达式的值为"真"时，则执行其后的语句块。

当条件表达式的值为"假"时，跳过 if 结构，继续执行 if 结构体后面的语句。单分支结构的流程图如图 3-2 所示。

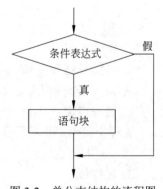

图 3-2 单分支结构的流程图

（2）<语句块>：当<条件表达式>的值为"真"时，所执行的程序语句。程序内容可以多行，以采用缩进方式来区分同一范围。

【例 3-1】　在例 2-4 的基础上，添加性别条件判断。只计算男生的基础代谢率。

【任务实现】

任务分析：由于只计算男生的基础代谢率，所以可以使用单分支程序结构。由于存在两种性别情况，所以程序测试两次，分别测试男或女。具体程序代码及运行结果如图 3-3 所示。

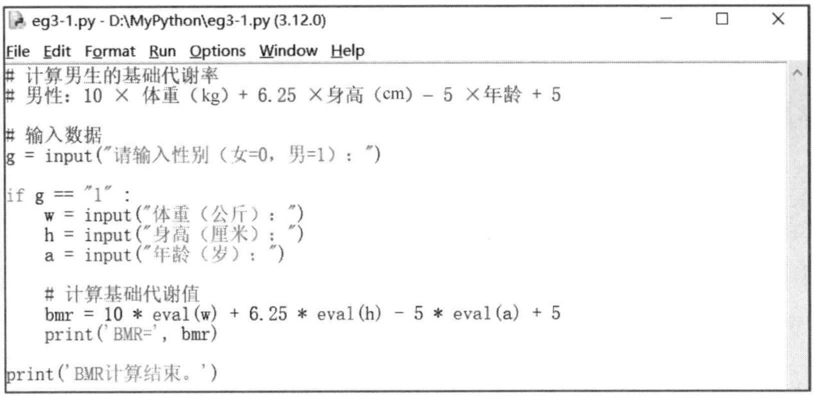

（a）程序代码

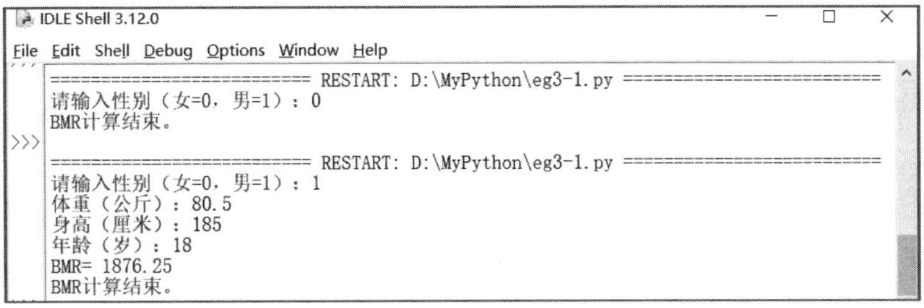

（b）运行结果

图 3-3　单分支示例

3.2.2　双分支结构：if-else 语句

1. 语法格式

if-else 语句的语法格式如下：

```
if  <条件表达式> :
    <语句块 1>
else:
    <语句块 2>
endif
```

2. 功能

根据条件表达式的真假情况执行不同的代码块，当条件表达式的值为真（True）时，则执行语句块 1；否则执行语句块 2，从而实现两种情况的分类处理。双分支结构流程图如图 3-4 所示。

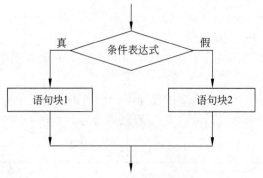

图 3-4 双分支结构流程图

【**例 3-2**】 在例 3-1 的基础上，完善性别条件判断。根据不同的性别，计算对应的基础代谢率。

【**任务实现**】

任务分析：由于性别存在两种情况，所以可以使用双分支程序结构。

具体程序代码及运行结果如图 3-5 所示。

```
🐍 eg3-2.py - D:\MyPython\eg3-2.py (3.12.0)                    —    □    ×

File  Edit  Format  Run  Options  Window  Help
# 基础代谢率
# 男性：10 × 体重（kg）+ 6.25 ×身高（cm）− 5 ×年龄 + 5
# 女性：10 × 体重（kg）+ 6.25 ×身高（cm）− 5 ×年龄 − 161

# 输入数据
g = input("请输入性别（女=0，男=1）：")
w = input("体重（公斤）：")
h = input("身高（厘米）：")
a = input("年龄（岁）：")

# 计算基础代谢率
if g == "1":
    bmr = 10 * eval(w) + 6.25 * eval(h) − 5 * eval(a) + 5
else:
    bmr = 10 * eval(w) + 6.25 * eval(h) − 5 * eval(a) −161

# 输出结果
print('BMR=', bmr)
```

（a）程序代码

```
🐍 IDLE Shell 3.12.0                                            —    □    ×

File  Edit  Shell  Debug  Options  Window  Help
===================== RESTART: D:\MyPython\eg3-2.py =====================
请输入性别（女=0，男=1）：0
体重（公斤）：55.5
身高（厘米）：165
年龄（岁）：18
BMR= 1335.25

===================== RESTART: D:\MyPython\eg3-2.py =====================
请输入性别（女=0，男=1）：1
体重（公斤）：80.5
身高（厘米）：185
年龄（岁）：18
BMR= 1876.25
```

（b）运行结果

图 3-5 双分支示例

【**例 3-3**】 简化例 3-2。

【**任务实现**】

任务分析：基础代谢率的计算公式如下：

> 男性：10 × 体重（kg）+ 6.25 ×身高（cm）− 5 ×年龄 +5
> 女性：10 × 体重（kg）+ 6.25 ×身高（cm）− 5 ×年龄 −161

分析基础代谢率的计算公式可以发现，不同性别的公式就是最后一项不同，所以可以先用男性公式计算，如果是男性则可以直接输出结果，如果是女性则在这个数据的基础上减 166 即可。

简化后的程序就变成了单分支结构，具体程序代码及运行结果如图 3-6 所示。

```python
# 输入数据
g = input("请输入性别（女=0，男=1）：")
w = input("体重（公斤）：")
h = input("身高（厘米）：")
a = input("年龄（岁）：")

# 按男性公式，计算基础代谢率
bmr = 10 * eval(w) + 6.25 * eval(h) - 5 * eval(a) + 5
# 如果是女性，则在计算数据上做对应调整
if g == "0" :
    bmr = bmr - 166

# 输出结果
print('BMR=', bmr)
```

（a）程序代码

```
======================= RESTART: D:\MyPython\eg3-3.py =======================
请输入性别（女=0，男=1）：0
体重（公斤）：55.5
身高（厘米）：165
年龄（岁）：18
BMR= 1335.25
======================= RESTART: D:\MyPython\eg3-3.py =======================
请输入性别（女=0，男=1）：1
体重（公斤）：80.5
身高（厘米）：185
年龄（岁）：18
BMR= 1876.25
```

（b）运行结果

图 3-6　例 3-2 程序的简化

3.2.3　多分支结构：if–elif–else 语句

1. 语法格式

if-elif-else 语句的语法格式如下：

```
if  <条件表达式 1> :
    <语句序列 1>
elif <条件表达式 2>:
    <语句块 2>
    ......
elif <条件 n-1> :
    <语句块 n-1>
else :
    <语句块 n>
endif
```

2. 功能

多分支结构允许根据不同条件的多个可能性来分别执行不同的语句块，以实现多种情况的分类处理。该结构流程图如图 3-7 所示。

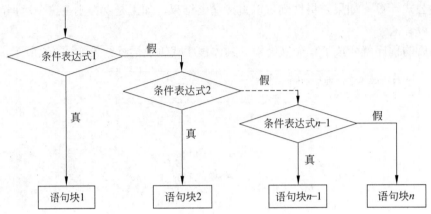

图 3-7 多分支 if-elif-else 结构流程图

【例 3-4】 在例 3-3 的基础上，继续完善性别条件判断。

【任务实现】

任务分析：用户可能输入的性别数据不只是 0（女）或 1（男），还有其他可能，那么可以使用多分支程序结构。具体程序代码及运行结果如图 3-8 所示。

```python
# 输入数据
g = input("请输入性别（女=0，男=1）：")
w = input("体重（公斤）：")
h = input("身高（厘米）：")
a = input("年龄（岁）：")

# 按男性公式，计算基础代谢率
bmr = 10 * eval(w) + 6.25 * eval(h) - 5 * eval(a) + 5

if g == "0" :
    print('该女性的BMR=', bmr - 166) # 如果是女性，则在计算数据上做对应调整
elif g == "1" :
    print('该男性的BMR=', bmr)
else:
    print('性别输入错误，无法计算。')
```

（a）程序代码

```
================== RESTART: D:\MyPython\eg3-4.py ==================
请输入性别（女=0，男=1）：0
体重（公斤）：55.5
身高（厘米）：165
年龄（岁）：18
该女性的BMR= 1335.25
>>>
================== RESTART: D:\MyPython\eg3-4.py ==================
请输入性别（女=0，男=1）：1
体重（公斤）：80.5
身高（厘米）：185
年龄（岁）：18
该男性的BMR= 1876.25
>>>
================== RESTART: D:\MyPython\eg3-4.py ==================
请输入性别（女=0，男=1）：2
体重（公斤）：80.5
身高（厘米）：185
年龄（岁）：28
性别输入错误，无法计算。
```

（b）运行结果

图 3-8 多分支示例

【**例 3-5**】 完善例 3-4，当性别输入数据不对时不再进行其他数据的输入。

【**任务实现**】

任务分析：用户可能输入的性别数据不是 0（女）或 1（男）时，就不需要输入体重等数据。这时可以使用条件语句的嵌套来实现。

第一层分支语句先进行性别数据判断，符合输入要求的情况下，再进行第二层计算男女不同的基础代谢率。

具体程序代码及运行结果如图 3-9 所示。

```python
# 输入性别数据
g = input("请输入性别（女=0，男=1）：")

if ( g != "0" and g != "1"):
    print('性别输入错误，无法计算。')
else:
    #输入数据
    w = input("体重（公斤）：")
    h = input("身高（厘米）：")
    a = input("年龄（岁）：")
    # 按男性公式，计算基础代谢率
    bmr = 10 * eval(w) + 6.25 * eval(h) - 5 * eval(a) + 5
    if g == "0":
        print('该女性的BMR=', bmr - 166) # 如果是女性，则在计算数据上做对应调整
    elif g == "1":
        print('该男性的BMR=', bmr)
```

（a）程序代码

```
IDLE Shell 3.12.0                                    —   □   ×
File  Edit  Shell  Debug  Options  Window  Help
>>>
===================== RESTART: D:\MyPython\eg3-5.py =====================
请输入性别（女=0，男=1）：女
性别输入错误，无法计算。
>>>
===================== RESTART: D:\MyPython\eg3-5.py =====================
请输入性别（女=0，男=1）：0
体重（公斤）：55.5
身高（厘米）：165
年龄（岁）：18
该女性的BMR= 1335.25
>>>
===================== RESTART: D:\MyPython\eg3-5.py =====================
请输入性别（女=0，男=1）：1
体重（公斤）：80.5
身高（厘米）：185
年龄（岁）：18
该男性的BMR= 1876.25
>>>
```

（b）运行结果

图 3-9 多分支示例

3.2.4 多分支结构：match–case 语句

Python 3.10 引入了 match-case 语句，也称为"模式匹配"或"结构化匹配"。match-case 语句允许用户根据不同的模式匹配执行不同的代码块，使得多情况处理更为强大和灵活，且代码简洁，提高了可读性。

1. 语法格式

match-case 语句的语法格式如下：

```
match <表达式> ：
    case  <模式 1>:
        <语句块 1>
    case  <模式 2>:
```

```
        <语句块 2>
        ……
    case <模式 n-1>:
        <语句块 n-1>
    case _ :
        <语句块 n>
```

2. 功能

match-case 可以用于各种不同的模式匹配情况，包括常量、范围、类型、条件等。它的程序流程图如图 3-10 所示。

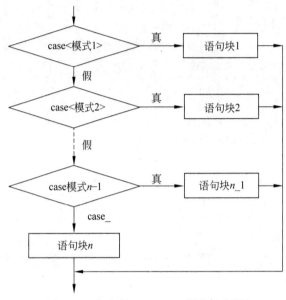

图 3-10　多分支 match-case 结构流程图

match 后面跟要匹配的变量，case 后面跟不同的条件，之后是符合条件需要执行的语句。最后一个"case_"表示默认匹配，即如果前面的 case 条件都没有匹配上就执行这项，类似之前的 else。

3. 说明

case 常用的模式匹配：

① 单一值：直接写具体数据。

② 多个值：用竖线"|"隔开；或者用"in [值 1,值 2,…，值 n]"列表方式。例如，case x if x in [95,96,97]，其中 x 是临时变量。

③ 范围：用"if"条件模式判断，例如，case x if x >= 90。

【例 3-6】　根据所输入的成绩，按五分制给出不同的评价。对于个别特别优秀的同学，给予特别的评价。

【任务实现】

任务分析：五分制的评价标准为不及格（0～59）、及格（60～69）、中（70～79）、良（80～89）和优（90～100）。对于 95 之上的特别优秀的同学给予特别的评价。这里涉及多种情况分类处理，所以可以考虑用 match-case 语句实现。

具体程序代码如图 3-11 所示。

```
'''
成绩转换
五分制：不及格（0~59）、及格（60~69）、中（70~79）、良（80~89）和优秀 E（90~100）
对于 95 之上的特别优秀的同学给予特别的评价
'''


a = input("请输入成绩：")
score = eval(a)


match score:
    case 100:                    # score 为 100
        print("满分")
    case 98 | 99:                # score 为 98 或 99
        print("非常优秀")
    case x if x in [95,96,97]:   # score 为 95 或 96 或 97
        print("优秀")
    case x if x >= 90:           # score 大于或等于 90 且小于 95
        print("优")
    case x if x >= 80:           # score 大于或等于 80 且小于 90
        print("良")
    case x if x >= 70:           # score 大于或等于 70 且小于 80
        print("中")
    case x if x >= 60:           # score 大于或等于 60 且小于 70
        print("及格")
    case _:                      # 其他情况：score 小于 60
        print("不及格")
```

图 3-11　成绩转换

【例 3-7】　根据所输入的基础代谢率数据，计算不同活动状态下的每日能量消耗（TDEE，Total Daily Energy Expenditure）。

每日能量消耗估算方法：

每日能量消耗=基础代谢率×活动强度系数

其中，活动强度系数如下：

- 久坐或基本不运动：1.2。
- 轻度活动：1.375，例如，每周运动 1~3 次。
- 中度活动：1.55，例如，每天运动或每周剧烈运动 3~5 次。
- 积极活动：1.725，例如，每周剧烈运动 6~7 次。
- 高强度活动：1.9，例如，每天高强度运动或重体力劳动者。

【任务实现】

这里涉及多种活动状态下的系数处理，所以可以考虑用 match-case 语句实现。具体程序代码如图 3-12 所示。

```
a = input("请输入基础代谢率BMR: ")
atype = input("请输入日常活动强度类别（1=久坐或基本不运动，2=轻度活动，3=中度活动，4=积极活动，5=高强度活动）: ")

BMR = eval(a)

match atype:
    case '1':                           # 久坐或基本不运动
        TDEE = 1.2 * BMR
    case '2':                           # 轻度活动
        TDEE = 1.375 * BMR
    case '3':                           # 中度活动
        TDEE = 1.55 * BMR
    case '4':                           # 积极活动
        TDEE = 1.725 * BMR
    case '5':                           # 高强度活动
        TDEE = 1.9 * BMR
    case _:                             # 其他
        TDEE = 0

print("每日能量消耗TDEE=", TDEE)
```

图 3-12　计算每日能量消耗

【思考题】

参考例 3-5 和例 3-7 的程序实现过程，根据用户所输入的性别、体重、身高、年龄和平时活动状态，计算该用户的每日能量消耗。

3.3　循环结构

循环结构是指在程序中需要反复执行某个功能而设置的一种程序结构。它由循环体中的条件，判断继续执行某个功能还是退出循环。

根据判断条件，循环结构又分为两种形式：遍历循环（for 循环）和条件循环（while 循环）。此外，Python 还提供了控制循环的关键字和语句，如 break（用于提前结束当前循环）、continue（用于结束当此循环）、以及 else（用于在循环正常结束时执行一段代码块）。

3.3.1　遍历循环：for 循环

遍历循环又称为 for 循环，用于遍历可迭代对象（如列表、元组、字符串等）中的元素，并执行代码块。它通常在已知迭代次数且有规律变化时的情况下使用。for 循环是一种先判断后执行的循环结构。

1. 语法格式

for 循环的语法格式如下：

```
for <循环变量> in <遍历对象>:
    <循环体>
```

2. 说明

<遍历对象>：可迭代对象，如列表、元组、字符串等。

<循环体>：当有可遍历的对象元素时所执行的程序语句。循环执行持续到所有元素遍历完全后或遇到 break 语句时才结束循环。循环体中的一部分语句也可以是一个循环结构，即循环嵌套：循环体内又有循环体，这样可以构成双重循环、三重循环……

for 循环结构的流程图如图 3-13 所示。

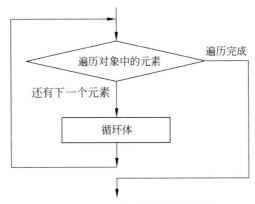

图 3-13　for 循环结构的流程图

3. range()函数

在 for 循环中，通常会用到 range()函数来控制循环的迭代次数。range()函数可以创建一个表示一系列整数的不可变序列。

range()函数的语法格式如下。

```
range(<start>, [stop], <step>)
```

参数说明如下。

① start（可选）：整数，指定序列的起始值，默认为 0。

② stop：整数，指定序列的结束值，但不包括该值。

③ step（可选）：整数，指定步长（序列中相邻整数之间的差），默认为 1。

举例：

```
range(10): [0, 1, 2, 3, 4, 5, 6, 7, 8, 9]
range(1,10): [1, 2, 3, 4, 5, 6, 7, 8, 9]
range(1,10,2): [1, 3, 5, 7, 9]
```

4. 常见 for 循环应用方式

遍历字符串的字符：

```
word = "Python"
forch in word:
    print(ch)
```

遍历数字序列：

```
for number in range(10):
    print(number)
```

```
for number in range(1, 10):
    print(number)
```

```
for number in range(1, 10, 2):
    print(number)
```

遍历列表中的元素：

```
university = ["CCMU", "PKU", "THU"]
for u in university:
    print(u)
```

遍历字典的键：

```
university = {"CCMU":1960, "PKU":1898, "THU":1911}
for key in university.keys():
    print(f"{key}: { university.get(key }")
```

遍历字典的键和值：

```
university = {"CCMU":1960, "PKU":1898, "THU":1911}
for key, value in university.items():
    print(f"{key}: {value}")
```

【例 3-8】 求 1～100 的整数之和。

【任务实现】

任务分析：由于是从 1 开始的整数序列且间隔为 1，所以可以用 rang(1,101) 的整数序列来进行循环累计求和。具体程序代码如图 3-14 所示。

【例 3-9】 求 1～20 的偶数之积。

【任务实现】

任务分析：由于是从 2 开始的整数序列，且间隔为 2，所以可以用 rang(2, 21, 2) 的整数序列来进行循环累计求积。具体程序代码和运行结果如图 3-15 所示。

```
sum = 0
for n in range(1, 101):
    sum = sum + n
print("1~100之和=", sum)
```

图 3-14　1～100 的整数之和

```
prod = 1
for n in range(2, 21, 2):
    prod = prod * n
print("1~20之偶数积=", prod)
```

图 3-15　1～20 的偶数之积

【例 3-10】 制作如图 3-16 所示的九九乘法表。

1 x 1 = 1	1 x 2 = 2	1 x 3 = 3	1 x 4 = 4	1 x 5 = 5	1 x 6 = 6	1 x 7 = 7	1 x 8 = 8	1 x 9 = 9
2 x 1 = 2	2 x 2 = 4	2 x 3 = 6	2 x 4 = 8	2 x 5 = 10	2 x 6 = 12	2 x 7 = 14	2 x 8 = 16	2 x 9 = 18
3 x 1 = 3	3 x 2 = 6	3 x 3 = 9	3 x 4 = 12	3 x 5 = 15	3 x 6 = 18	3 x 7 = 21	3 x 8 = 24	3 x 9 = 27
4 x 1 = 4	4 x 2 = 8	4 x 3 = 12	4 x 4 = 16	4 x 5 = 20	4 x 6 = 24	4 x 7 = 28	4 x 8 = 32	4 x 9 = 36
5 x 1 = 5	5 x 2 = 10	5 x 3 = 15	5 x 4 = 20	5 x 5 = 25	5 x 6 = 30	5 x 7 = 35	5 x 8 = 40	5 x 9 = 45
6 x 1 = 6	6 x 2 = 12	6 x 3 = 18	6 x 4 = 24	6 x 5 = 30	6 x 6 = 36	6 x 7 = 42	6 x 8 = 48	6 x 9 = 54
7 x 1 = 7	7 x 2 = 14	7 x 3 = 21	7 x 4 = 28	7 x 5 = 35	7 x 6 = 42	7 x 7 = 49	7 x 8 = 56	7 x 9 = 63
8 x 1 = 8	8 x 2 = 16	8 x 3 = 24	8 x 4 = 32	8 x 5 = 40	8 x 6 = 48	8 x 7 = 56	8 x 8 = 64	8 x 9 = 72
9 x 1 = 9	9 x 2 = 18	9 x 3 = 27	9 x 4 = 36	9 x 5 = 45	9 x 6 = 54	9 x 7 = 63	9 x 8 = 72	9 x 9 = 81

图 3-16　九九乘法表效果

【任务实现】

任务分析：九九乘法表共 9 行从 1～9，可用 for 循环控制乘法表的行数，这为外层循环；在每一行内有 9 列，也从 1～9，在这内部 for 循环用于每一行中的列。

在内层循环中计算两个数的乘积，使用 print() 函数打印乘法表的一行。"end="\t""用于在输出时使用制表符分隔每个乘法表条目，使其看起来更整齐。具体程序代码如图 3-17 所示。

```
for i in range(1, 10):
    for j in range(1, 10):
        product = i * j
        print(f"{i} x {j} = {product}", end="\t")    #\t: 制表符间隔
    print()  # 换行
```

图 3-17 九九乘法表程序实现

【例 3-11】 根据一条单链上的碱基序列，给出对应的互补链上的碱基序列。A-T、G-C，如果不是这四个字母，用*代替。

在 DNA 中，碱基之间存在互补关系，这是 DNA 双螺旋结构的重要特点之一。碱基互补意味着一种碱基的存在总是伴随着另一种碱基的存在，它们通过氢键结合在一起。在 DNA 中，碱基之间的互补关系如下：

- 腺嘌呤（Adenine，简写为 A）与胞嘧啶（Cytosine，简写为 C）是互补碱基。
- 鸟嘌呤（Guanine，简写为 G）与胸腺嘧啶（Thymine，简写为 T）是互补碱基。

【任务实现】

任务分析：由于碱基序列是字符串，所以可以用 for 循环依次处理每个字符。碱基序列有四种字符，所以要针对不同的字符分类进行处理，适合使用 match-case 多分支结构。

具体程序代码如图 3-18 所示。

```
s = input('请输入碱基链ATGC: ') # 原碱基链
t = '' # 互补碱基链

for c in s:
    match c :
        case 'A':
            t += "T"
        case 'T':
            t += "A"
        case 'C':
            t += "G"
        case 'G':
            t += "C"
        case _ :
            t += "*"

print(f'原碱基链为: {s}, 互补碱基链为: {t}')
```

图 3-18 碱基互补链

> **拓展与思考**
>
> 1965 年 9 月 17 日，以王应睐为首的中国科研团队，历时 6 年完成了结晶牛胰岛素的全合成，这是世界上第一个人工合成的蛋白质。人工合成结晶牛胰岛素的成功，有力地证明了蛋白质的一级结构决定其高级结构的科学论断。
>
> 人工合成牛胰岛素凝聚了中国老一辈科学家的智慧，倾注了广大科研人员的心血和汗水。老一辈科学家们的艰苦奋斗、团结协作精神，对“科学强国梦”的执著追求，对科学真理的不懈探索、严谨求实的科学态度，淡泊名利、乐于奉献的精神让人敬佩。

3.3.2 条件循环：while 循环

条件循环又称为 while 循环。while 循环也是一种先判断后执行的循环结构。

1. 语法格式

while 循环的语法格式如下：

```
while <条件表达式>:
    <循环体>
```

2. 说明

<条件表达式>：条件表达式的值为布尔型（bool），真为 True，假为 False。此外，Python 程序语言指定任何非 0 和非空（Null）值为真（True），0 或者 Null 为假（False）。所以，有时候可以看到 while True 或者 while 1 这样的永远为真的判断条件。

<循环体>：当在条件表达式为真时所执行的程序语句。循环执行持续到条件表达式为假或遇到 break 语句时才结束循环，所以要注意循环变量的变化或循环条件结束的条件，否则容易产生"死循环"。此外，循环体中的一部分语句也可以使用循环嵌套。

while 循环结构的流程图如图 3-19 所示。

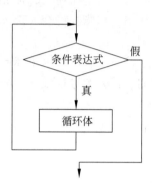

图 3-19　while 循环结构的流程图

【例 3-12】　用 while 循环改写例 3-8 的程序，实现 1~100 的整数之和。

【任务实现】

任务分析：在 for 循环中，系统会自动遍历每个元素，但在 while 循环中，循环条件中的循环变量值是不会自动变化的，所以要特别注意循环条件中循环变量的变化设置。

具体程序代码如图 3-20 所示。

```
sum = 0
n = 1

while n<=100:
    sum += n
    n += 1
print("1~100之和=", sum)
```

图 3-20　用 while 循环计算 1~100 整数和

【例 3-13】　依次输入多个数据，直到输入"q"表示结束。将所输入的数据（不包含"q"字符）存为列表，打印输出时数据用逗号隔开。

【任务实现】

任务分析：可以采用循环方式接收依次输入的数据并保存，要考虑除了"q"字符之外才可保存下来。打印输出要考虑最后一个数据末尾不加逗号。

具体程序代码和运行结果如图 3-21 所示。

【思考题】

在接收数据时，用了两次判断，是否有改进方法只判断一次？

```
user_input = ""    # 接收一次所输入的数据
dataList = []       # 存储所有输入的数据

# 依次输入数据并保存(不包含"q")
while user_input != "q":
    user_input = input("请输入数据，输入"q"结束：")
    if user_input != "q":
        dataList.append(user_input)

# 打印所保存的数据
dlen = len(dataList)
if ( dlen<1):
    print("没有输入有效数据。")
else:
    print("输入的数据为：", end="")
    for i in range(dlen):
        if i == dlen - 1:
            print(dataList[i], end=".")
        else:
            print(dataList[i], end=', ')
```

（a）程序代码

```
=================== RESTART: D:\MyPython\eg3-13.py ===================
请输入数据，输入"q"结束：q
没有输入有效数据。
=================== RESTART: D:\MyPython\eg3-13.py ===================
请输入数据，输入"q"结束：1
请输入数据，输入"q"结束：q
输入的数据为：1.
=================== RESTART: D:\MyPython\eg3-13.py ===================
请输入数据，输入"q"结束：1
请输入数据，输入"q"结束：2
请输入数据，输入"q"结束：3
请输入数据，输入"q"结束：4
请输入数据，输入"q"结束：5
请输入数据，输入"q"结束：q
输入的数据为：1, 2, 3, 4, 5.
```

（b）运行结果

图 3-21　依次接收多个数据保存并打印输出

【例 3-14】　现已有 5 位测试者的基本数据（见表 3-1），依次计算这些学生的基本代谢率及每日能量消耗。

表 3-1　测试者基本数据

编号	性别 （女=0，男=1）	体重 /kg	身高 /cm	年龄 /岁	平日活动强度 （分类 1~5，见例 3-4）
202301	0	55.5	165	18	2
202302	1	80.5	185	18	4
202303	0	50.2	161.3	23	1
202304	1	72.3	175.4	19	3
202305	1	76.6	178.5	20	5

【任务实现】

任务分析：涉及多位测试者，可用循环遍历实现。具体程序代码和运行结果如图 3-22所示。

【思考题】

在打印输出结果时，把"性别"的数据 0 或 1 改为"男"或"女"，把"平日活动强度"的数字数据改为对应的文字描述。

```python
# 构建数据集列表：性别，体重，身高，年龄，平日活动强度
data = list()
data.append([202301,0, 55.5, 165, 18, 2])
data.append([202302,1, 80.5, 185, 18, 4])
data.append([202303,0, 50.2, 161.3, 23, 1])
data.append([202304,1, 72.3, 175.4, 19, 3])
data.append([202305,1, 76.6, 178.5, 20, 5])

# 变量赋初值
BMR = 0    #基础代谢率
TDEE = 0   #每日能量消耗
result = dict()      # 保存所有测试者数据的集合,如: {202304:{"data":[], BRM:, TDEE: },...}

# 输出结果显示的表头
print(f"{'编号':^4}{'性别':^4}{'体重':^2}{'身高':^8}{'年龄':^4}{'平日活动强度':^8}{'基础代谢率'}{'每日能量消耗':^8}")

# 遍历所有测试者数据，并计算每一位测试者的 BMR 和 TDEE
i = 0  #循环变量赋初值
while i <len(data):
    # 依次取每一位测试者的数据
    pdata = data[i]
    # 先按男性公式，计算基础代谢率
    BMR = 10 * data[i][2] + 6.25 * data[i][3] - 5 * data[i][4] + 5
    # 如果是女生，则在计算数据上做对应调整
    if data[i][1] == 0 :
        BMR = BMR - 166
    # 计算每日能量消耗
    match data[i][5]:
        case 1:  # 久坐或基本不运动
            TDEE = 1.2 * BMR
        case 2:  # 轻度活动
            TDEE = 1.375 * BMR
        case 3:  # 中度活动
            TDEE = 1.55 * BMR
        case 4:  # 积极活动
            TDEE = 1.725 * BMR
        case 5:  # 高强度活动
            TDEE = 1.9 * BMR
        case _:  # 其他
            TDEE = 0

    # 构建每位测试者的数据集合 {"data":[,,,], "BRM":, "TDEE": }
    persondata = dict()
    persondata["data"] = [data[i][1], data[i][2], data[i][3], data[i][4], data[i][5]]
    persondata["BMR"] = BMR
    persondata["TDEE"] = TDEE
    # 将每位测试者的所有数据加入到结果集合中 { 202301:{"data":[], BRM:, TDEE: }, 202302:{},...}
    result[data[i][0]] = persondata

    # 输出数据及计算结果
    print(f"{data[i][0]:^6}{data[i][1]:^5}{data[i][2]:^6}{data[i][3]:^9.1F}{data[i][4]:^6}{data[i][5]:^13}{BMR:^11.2F}{TDEE:^14.2F}")
    # 循环变量+1，定位下一条数据
    i += 1
```

(a) 程序代码

图 3-22 计算基本代谢率及每日能量消耗

```
===================== RESTART: D:\MyPython\eg3-14.py =================
编号    性别  体重   身高    年龄  平日活动强度  基础代谢率  每日能量消耗
202301   0   55.5  165.0   18        2          1335.25    1835.97
202302   1   80.5  185.0   18        4          1876.25    3236.53
202303   0   50.2  161.3   23        1          1234.12    1480.95
202304   1   72.3  175.4   19        3          1729.25    2680.34
202305   1   76.6  178.5   20        5          1786.62    3394.59
>>>
```

（b）运行结果

图 3-22　（续）

3.4　循环控制

当程序在执行分支结构或循环结构时，可能遇到特殊情况要中断处理，或提前结束当前循环的情况，Python 提供了相应关键字和语句，如 break（用于提前结束循环）、continue（用于结束当次循环）、以及 else（用于在循环正常结束时执行一段代码块）。

3.4.1　结束当前循环：break

在 while 循环或 for 循环中使用 break 语句可以提前终止当前循环的执行，即使循环条件仍然为真，或 for 循环遍历对象中仍有未遍历的元素。当 break 语句被执行时，程序会立刻跳出当前循环并继续执行循环后的代码。"循环-break"结构的流程图如图 3-23 所示。

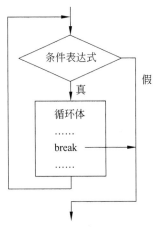

图 3-23　循环-break 结构的流程图

【例 3-15】 改进例 3-13，实现在接收数据时，只判断一次。

【任务实现】

任务分析：可以采用"while True"语句来一直循环接收依次输入的数据，当输入"q"字符时使用 break 结束循环，从而实现接收数据的结束。具体程序代码如图 3-24 所示。

【例 3-16】 一张厚度为 0.1 毫米的足够大的纸，对折多少次以后能达到珠穆朗玛峰的高度？

【任务实现】

任务分析：可以采用"while True"语句来一直循环接收依次输入的数据，当厚度超过珠穆朗玛峰的高度时用 break 结束循环。具体程序代码和运行结果如图 3-25 所示。

```
user_input = ""      # 接收一次所输入的数据
dataList = []        # 存储所有输入的数据

# 依次输入数据并保存(不包含"q")
while True:
    user_input = input("请输入数据，输入"q"结束：")
    if user_input == "q":
        break
    else:
        dataList.append(user_input)

# 打印所保存的数据
dlen = len(dataList)
if ( dlen<1):
    print("没有输入有效数据。")
else:
    print("输入的数据为：", end="")
    for i in range(dlen):
        if i == dlen - 1:
            print(dataList[i], end=".")
        else:
            print(dataList[i], end=', ')
```

图 3-24 循环接收数据

```
n = 0                    # 对折次数
hd = 0.0001              # 纸厚，单位米

while True:
    if hd> 8844.43:      # 超过珠峰高度就停止循环
        break
    else:
        hd *= 2          # 对折一次厚度翻倍
        n += 1           # 对折次数加 1
print(f"纸对折{n}次后的厚度为{hd:.2f}米,超过了珠穆朗玛峰。")
```

（a）程序代码

```
======================= RESTART: D:\MyPython\eg3-16.py ==========
纸对折27次后的厚度为13421.77米,超过了珠穆朗玛峰。
```

（b）运行结果

图 3-25 循环接收数据

<table>
<tr><td>拓展与思考</td></tr>
</table>

"合抱之木，生于毫末；九层之台，起于累土；千里之行，始于足下"。一张 0.1 毫米厚的纸，如果足够大，则对折 27 次以后就能超过珠穆朗玛峰的高度。所以，只要我们不断努力，假以时日，也会终有所成的。

【例 3-17】 查找某测试者是否在测试集中。

【任务实现】

任务分析：可以采用 for 循环来遍历数据集，当遇到所要查找的测试者编号时使用 break 结束循环。具体程序代码和运行结果如图 3-26 所示。

```
numbers = [202301, 202302, 202303, 202304, 202305]
target = eval(input('请输入要查找的测试者编号：'))
index = 0

fornum in numbers:
    if numbers[index] == target:
        print(f"找到测试者：{target}，序号为：{index + 1}。")
        break
    index += 1

print("查找结束。")
```

（a）程序代码

```
===================== RESTART: D:\MyPython\eg3-17.py =====================
请输入要查找的测试者编号：2023001
查找结束。
===================== RESTART: D:\MyPython\eg3-17.py =====================
请输入要查找的测试者编号：202303
找到测试者：202303，序号为：3。
查找结束。
```

（b）运行结果

图 3-26　查找某测试者

【思考题】

在输出结果时，如果没有找到该患者数据时，如何实现对应的输出说明？

3.4.2　结束当次循环：continue

continue 语句用于跳过当前循环迭代中的剩余代码，并回到循环的开始，继续执行下一次迭代。从而实现在不终止整个循环的情况下，跳过某些迭代步骤。

continue 用来结束当前当次循环，即跳出循环体中后面尚未执行的语句，但不跳出当前循环。使用 continue 语句可以减少代码重复和逻辑嵌套，从而提高代码效率。

循环-continue 结构的流程图如图 3-27 所示。

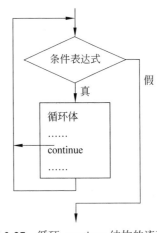

图 3-27　循环-continue 结构的流程图

【例 3-18】输出 10～50 中的不能被 7 整除的整数。

【任务实现】

任务分析：依次判断每个数，当某数能被 7 整除则不输出此数，继续下一次循环。

具体程序代码和运行结果如图 3-28 所示。

```
for x in range(10,50):
    if x % 7 == 0:
        continue
    print(x, end=' ')
```

（a）程序代码

```
===================== RESTART: D:\MyPython\eg3-18.py =====================
10 11 12 13 15 16 17 18 19 20 22 23 24 25 26 27 29 30 31 32 33 34 36 37 38 39 40
41 43 44 45 46 47 48
```

（b）运行结果

图 3-28　输出 10～50 中的不能被 7 整除的整数

【思考题】

如果将程序中的 continue 改为 break，则输出结果是什么？

【例 3-19】 从患者信息列表中，显示年龄大于 60 岁的老年患者信息。

【任务实现】

具体程序代码和运行结果如图 3-29 所示。

```python
# 患者信息
patients = [{"name": "张三", "age": 45, "gender": "男", "condition": "高血
压"},
            {"name": "李四", "age": 68, "gender": "女", "condition": "糖尿病"},
            {"name": "王五", "age": 75, "gender": "女", "condition": "关节炎"},
            {"name": "赵六", "age": 52, "gender": "男", "condition": "心脏病"} ]

# 大于 60 岁的存储老年患者信息
elderly_patients = []
# 循环处理每一位患者
for patient in patients:
    if patient["age"] <= 60:
        continue        # 跳过年龄小于或等于 60 岁的患者
    elderly_patients.append(patient)
print("年龄大于 60 岁的老年患者: ")
for patient in elderly_patients:
    print(f" 姓 名 : {patient['name']}, 年 龄 : {patient['age']}, 性 别 :
{patient['gender']}, 疾病: {patient['condition']}")
```

（a）程序代码

```
==================== RESTART: D:\MyPython\eg3-19.py ====================
年龄大于60岁的老年患者:
姓名: 李四, 年龄: 68, 性别: 女, 疾病: 糖尿病
姓名: 王五, 年龄: 75, 性别: 女, 疾病: 关节炎
```

（b）运行结果

图 3-29　显示年龄大于 60 岁的患者信息

3.4.3　else 语句

在 Python 中, else 语句除了可以和 if 一起使用外, 也可以和 for 或 while 循环一起使用。else 语句提供了一种在循环正常结束时执行特定代码的方式。

1. 语法格式

else 语句的语法格式如下:

```
for <循环变量> in <遍历对象>:
    <循环体>
else:
    <语句块>
```

或

```
while <条件表达式>:
    <循环体>
else:
    <语句块>
```

2. 说明

只有当 for 或 while 循环正常执行完，且没有被 break 或异常中断时，else 语句才会执行。如果 while 循环的条件一开始就为假，即循环从未执行，那么 else 语句也会被执行。

【例 3-20】　模拟连续监测患者血压（以收缩压为例）。

【任务实现】

任务分析：可以利用 random 库来生成随机整数，形成随机的收缩压（SBP，Systolic Blood Pressure）数值。当收缩压在一定时间内数据不在正常范围内时，则触发警报；当数据都正常时，则运行 else 语句。

收缩压正常值：90～120 mm Hg。

具体程序代码和运行结果如图 3-30 所示。

```python
import random

base_blood_pressure = 100  # 初始血压
normal_blood_pressure = (90.0, 120.0)  # 正常血压范围

hours = 0        # 检测时间
max_hours = 4  # 设定监测的最大时间

while hours < max_hours:
    hours += 1
    # 生成-30 到 30 之间的随机整数
    pressure_change = random.randint(-30, 30)
    # 形成随机血压值
    patient_blood_pressure = base_blood_pressure + pressure_change
    # 如果超出正常范围，则触发警报
    print(f"第{hours}小时，患者血压：{patient_blood_pressure}。")
    if    patient_blood_pressure    <    normal_blood_pressure[0]    or
            patient_blood_pressure > normal_blood_pressure[1]:
        print(f"患者的血压异常，触发警报!!! ")
        break
else:
    # 血压连续监测一段时间后，血压仍然在正常范围内
    print(f"患者的血压已正常 {hours} 小时，没有触发警报。")
```

（a）程序代码

```
================ RESTART: D:\MyPython\eg3-20.py ================
第1小时，患者血压：82。
患者的血压异常，触发警报！！！

================ RESTART: D:\MyPython\eg3-20.py ================
第1小时，患者血压：114。
第2小时，患者血压：82。
患者的血压异常，触发警报！！！

================ RESTART: D:\MyPython\eg3-20.py ================
第1小时，患者血压：113。
第2小时，患者血压：91。
第3小时，患者血压：117。
第4小时，患者血压：115。
患者的血压已正常 4 小时，没有触发警报。
```

（b）运行结果

图 3-30　模拟连续监测患者血压

【例 3-21】 改进例 3-17，查找某测试者信息，若没找到，也有相应的信息反馈。

【任务实现】

任务分析：当例 3-17 没有找到该测试者时，就属于 for 循环都遍历完全后没有符合条件的数据，那么就可以用"for-else"结构。具体程序代码和运行结果如图 3-31 所示。

```python
numbers = [202301, 202302, 202303, 202304, 202305]
target = eval(input('请输入要查找的测试者编号: '))
index = 0
while index <len(numbers):
    if numbers[index] == target:
            print(f"找到测试者: {target}，序号为: {index + 1}。")
        break
    index += 1
else:
    print(f"未找到测试者: {target}。")

print("查找结束。")
```

(a) 程序代码

```
===================== RESTART: D:\MyPython\eg3-21.py =====================
请输入要查找的测试者编号: 2023001
未找到测试者: 2023001。
查找结束。

===================== RESTART: D:\MyPython\eg3-21.py =====================
请输入要查找的测试者编号: 202303
找到测试者: 202303，序号为: 3。
查找结束。
```

(b) 运行结果

图 3-31 for-else 查找某测试者

【思考题】

当输入的测试者编号不是数字时，eval()函数是会报错的，如何处理输入数据类型异常的情况？

3.5 异常处理

在 Python 中，异常（Exception）是一种表示程序运行过程中出现问题的信号。当程序运行过程中发生异常时，可以使用异常处理机制来捕获并处理这些异常。在编写代码时，异常处理有助于使程序更健壮，防止程序在错误发生时崩溃。

3.5.1 异常处理语句

Python 使用 try、except 和 finally 等关键字来进行异常处理。异常处理是确保程序在面对错误时可以继续运行的重要技术。

1. 语法格式

异常处理语句的语法格式如下：

```
try:
    <try 语句块>
except <异常类型 1> [ as e] :
    <异常处理语句块 1>
```

```
except  <异常类型 2> [ as e] :
    <异常处理语句块 2>
……
except  <异常类型 n> [ as e] :
    <异常处理语句块 n>
else :
    <没有异常时的语句块>
finally:
    <finally 语句块>
```

2. 说明
异常处理 try-except-finally 语句的流程图如图 3-32 所示。

<try 语句块>中存在可能会引发异常的程序。

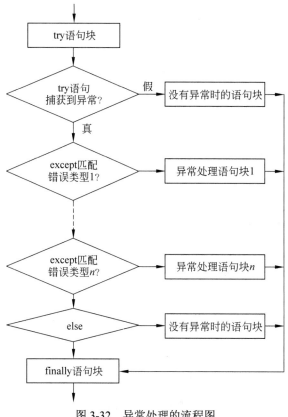

图 3-32　异常处理的流程图

　　<except 语句块>用来捕获不同类型的异常。可以使用多个 except 块来捕获不同类型的异常，以根据需要执行不同的操作。异常的类型有很多，具体如表 3-2 所示，当我们无法预知会出现哪种错误时，可以用 Exception 来捕捉错误。

　　except 通常可以使用变量 e 来捕获异常并访问异常信息，例如，可以使用{e}或{str(e)}获取错误消息，使用{type(e)}获取异常类型等。

　　<else 语句块>是没有异常时的语句块，可以不写。

　　<finally 语句块>是无论是否发生异常都会执行的代码。

【例 3-22】 输入两个数，实现除法运算。

【任务实现】

任务分析：在实现除法运算时，存在输入的数据可能不是数字，或者除数为 0 的情况。所以要考虑异常情况的处理。具体程序代码和运行结果如图 3-33 所示。

```python
try:
    a = eval(input("被除数: "))
    b = eval(input("除数: "))
    d = a / b
except ZeroDivisionError as e:
    print(f"异常消息1: {str(e)}")
    print(f"异常类型1: {type(e)}")
except Exception as e:
    print(f"异常消息2: {e}")
    print(f"异常类型2: {type(e)}")
else:
    print(f"{a}/{b}={round(d,2)}")
finally:
    print("运算结束。")
```

（a）程序代码

```
===================== RESTART: D:\MyPython\eg3-22.py =====================
被除数: 1
除数: 3
1/3=0.33
运算结束。

===================== RESTART: D:\MyPython\eg3-22.py =====================
被除数: 1
除数: 0
异常消息1: division by zero
异常类型1: <class 'ZeroDivisionError'>
运算结束。

===================== RESTART: D:\MyPython\eg3-22.py =====================
被除数: 1
除数: s
异常消息2: name 's' is not defined
异常类型2: <class 'NameError'>
运算结束。

===================== RESTART: D:\MyPython\eg3-22.py =====================
被除数: s
异常消息2: name 's' is not defined
异常类型2: <class 'NameError'>
运算结束。
```

（b）运行结果

图 3-33　除法运算

【例 3-23】 改进例 3-21，查找某测试者是否在测试集中。当输入的测试者编号不是数字时进行错误提示说明。

【任务实现】

任务分析：当输入的测试者编号不是数字时，eval()函数是会报错的，所以要进行异常处理。具体程序代码和运行结果如图 3-34 所示。

3.5.2　异常类型

Python 提供了许多异常类型，每个类型下可能有多个异常子类。了解这些异常类型有助于更好地处理可能出现的异常情况，以提高程序的健壮性和可靠性。常见的异常类型如

```
numbers = [202301, 202302, 202303, 202304, 202305]
index = 0

try:
    target = eval(input('请输入要查找的测试者编号: '))
    while index <len(numbers):
        if numbers[index] == target:
            print(f"找到测试者: {target}, 序号为: {index + 1}。")
            break
        index += 1
    else:
        print(f"未找到测试者: {target}。")
except Exception as e:
    print(f"异常消息: {e}")
    print(f"异常类型: {type(e)}")
finally:
    print("查找结束。")
```

（a）程序代码

```
===================== RESTART: D:\MyPython\eg3-23.py =========
请输入要查找的测试者编号: 1
未找到测试者: 1。
查找结束。

===================== RESTART: D:\MyPython\eg3-23.py =========
请输入要查找的测试者编号: 202301
找到测试者: 202301, 序号为: 1。
查找结束。

===================== RESTART: D:\MyPython\eg3-23.py =========
请输入要查找的测试者编号: a
异常消息: name 'a' is not defined
异常类型: <class 'NameError'>
查找结束。
```

（b）运行结果

图 3-34　查找某测试者

表 3-2 所示。

表 3-2　常见异常类型

异常类型	描　述	异常类型	描　述
BaseException	所有异常的基类	SystemExit	解释器请求退出
KeyboardInterrupt	用户中断执行（通常是输入组合键 Ctrl+C）	Exception	常规错误的基类
StopIteration	迭代器没有更多的值	GeneratorExit	生成器发生异常来通知退出
StandardError	所有的内建标准异常的基类	ArithmeticError	所有数值计算错误的基类
FloatingPointError	浮点计算错误	OverflowError	数值运算超出最大限制
ZeroDivisionError	除数为零的错误	AssertionError	断言语句失败
AttributeError	对象没有这个属性	EOFError	没有内建输入, 到达 EOF 标记
EnvironmentError	操作系统错误的基类	IOError	输入/输出操作失败
OSError	操作系统错误	WindowsError	系统调用失败
ImportError	导入模块/对象失败	LookupError	无效数据查询的基类
IndexError	序列中没有此索引	KeyError	映射中没有这个键
MemoryError	内存溢出错误	NameError	未声明/初始化对象

异常类型	描 述	异常类型	描 述
UnboundLocalError	访问未初始化的本地变量	ReferenceError	弱引用试图访问已经垃圾回收了的对象
RuntimeError	一般的运行时错误	NotImplementedError	尚未实现的方法
SyntaxError	语法错误	IndentationError	缩进错误
TabError	Tab 键和空格混用	SystemError	一般的解释器系统错误
TypeError	在处理数据类型时遇到了不合法或不适当的类型	ValueError	一个操作或函数接收到了一个不合法或不适当的值,例如,类型不匹配、无效参数
UnicodeError	与 Unicode 字符编码和处理相关的错误	UnicodeDecodeError	Unicode 解码时错误,通常由 decode()方法引发
UnicodeEncodeError	Unicode 编码时错误,通常由 encode()方法引发	UnicodeTranslateError	Unicode 转换时错误
Warning	警告的基类	DeprecationWarning	关于被弃用的特征的警告
FutureWarning	关于构造将来语义会有改变的警告	OverflowWarning	可能发生数值溢出的风险。数值溢出是指计算过程中的结果超出了计算机所能表示的数值范围,导致数据损失或不准确的结果
PendingDeprecationWarning	关于特性将会被废弃的警告	RuntimeWarning	通常在运行期间出现潜在问题或非常规操作时触发
SyntaxWarning	可疑的语法警告	UserWarning	用户代码生成的警告

此外,异常类型之间也存在着层次关系,如图 3-35 所示。详细内置异常的类层级结构见官方文档 "https://docs.python.org/zh-cn/3/library/exceptions.html#exception-hierarchy"。

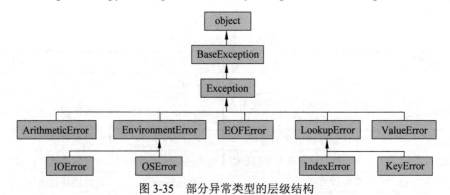

图 3-35 部分异常类型的层级结构

【思考题】

完善本章中涉及输入数据处理的例子,实现输入数据如不符合要求时的异常处理。

本章小结

本章主要介绍了基本程序流程图的画法,以及 Python 的分支结构和循环结构。分支结构又分为单分支结构、双分支结构和多分支结构;循环结构又分为遍历循环和条件循环。

此外,本章还介绍了异常处理的基本结构及常见的异常类型。

第 4 章

函数

函数是模块化、结构化和可重用代码的基础，函数有助于提高代码的可读性、可维护性和可扩展性。函数是 Python 编程中的核心组件之一。

4.1 函数概述

在 Python 中，函数根据用途和特性可以分为不同的类别，常见的函数类别有以下 6 种。

1．内置函数

Python 包括许多内置函数，无须导入任何模块，即可使用它们。如 print()、len()和 input()函数等。

2．方法

方法是与对象相关联的函数。类定义了方法，实例化对象后，可以调用这些方法来执行对象特定的操作，例如，str 对象的 upper() 方法用于将字符串转换为大写。

3．自定义函数

用户可以创建自己的函数，以执行特定的任务。这些函数通过 def 关键字定义，并可以根据需要接收参数和返回值。具体定义与使用见 4.2 节。

4．匿名函数

匿名函数是一种小型、无名称的函数，通常用于一次性、简单的操作。匿名函数由 lambda 关键字创建，具体说明与使用见 4.3 节。

5．其他函数

（1）高阶函数：高阶函数是可以接收其他函数作为参数或返回函数的函数，如 map()、filter() 和 reduce()函数等。

（2）递归函数：递归函数是在函数内部调用自身的函数。递归通常用于解决可以分解成相同类型子问题的问题，如计算阶乘或斐波那契数列。

（3）生成器函数：生成器函数用于生成迭代器对象，可以逐个生成值，而不是一次性生成整个序列。这有助于减少内存使用，特别是在处理大型数据集时。

（4）装饰器函数：装饰器函数是一种特殊类型的函数，用于修改其他函数的行为。它们常用于添加额外的功能或日志记录，而无须修改原始函数的代码。

（5）异步函数：异步函数用于异步编程，通常涉及异步 I/O 操作。它们使用 async 和 await 关键字，使程序能够执行其他任务而不会被阻塞。

6. main() 函数

Python 是一种解释语言，运行过程是自上而下逐行进行的，不像某些语言（如 C 语言或 Java 语言）那样强制要求有一个主函数。但 Python 提供了其他约定来定义执行点，其中之一是使用 main() 函数和__name__属性。

遵循 main() 函数这种模式可以使代码更加结构化和易于管理，特别是在编写较复杂的程序的时候，例如，有程序 script.py：

```
def main():
    print("Hello, CCMU!")

if __name__ == '__main__':
    main()
```

当直接运行这个程序时（如使用命令：python script.py），main() 函数会被执行。

如果从另一个程序中导入这个程序（如使用 import script），那么 main() 函数则不会被自动执行。

【思政】

函数的自定义反映了所研究事物中的动态变化和相互依存关系，它的产生和发展是从特殊到一般，从具体到抽象，逐步精确化的。学习的真谛也是一样，学习不能一蹴而就，也是循序渐进，逐步深化的过程。良好的学习习惯，是提高学业成绩的重要保证，也是一个人成才的重要因素。

4.2 自定义函数

4.2.1 函数的定义与调用

如果在开发程序时，需要某块代码多次，为了提高编写代码的效率及重用代码，可以把具有独立功能的代码块组织为一个小模块，这就是函数的定义，常称这类函数为自定义函数。

1. 语法格式

函数定义的语法格式如下：

```
def  函数名（ 参数列表 ） :
    <函数体>
return 函数返回值
```

2. 说明

函数名：函数的名称，用户可以自行命名函数。

参数列表：函数的参数列表，参数是函数接收的输入值。函数可以有零个或一个或多个参数，多个参数之间使用逗号","分隔。

在函数定义中声明的参数称为形式参数，也称为形参，它们充当函数内部的变量，用于接收函数调用时提供的实际值（实参）。

函数体：函数的代码块，包含函数所要完成任务。

return 语句（可选）：用来指定函数的返回值。函数的返回值可以一个，也可以是多个。如果函数没有 return 语句，它将返回 None。

函数形式：根据函数是否有参数、是否有返回值，函数有以下四种形式：无参数无返回值、无参数有返回值、有参数无返回值、有参数有返回值。

3. 函数的调用

当用户定义了一个自定义函数后，用户就可以通过函数调用来执行这个函数。

函数调用是指在程序中使用函数并提供必要的参数（如果函数定义了参数），以执行函数的操作。如果函数返回结果的话，函数调用结果就可以有返回值。

【**例 4-1**】 自定义加法函数。

【**任务实现**】

任务分析：通过自定义函数，接收两个函数的参数并返回它们的和。

具体程序代码和运行结果如图 4-1 所示。

```
def add_numbers(a, b):
    sum = a + b
    return sum

# 调用函数并存储返回值
s1 = add_numbers(5, 3)
s2 = add_numbers(51, 13)

# 打印函数的返回值
print("加法 1 的和为:", s1)
print("加法 2 的和为:", s2)
```

（a）程序代码

```
======================== RESTART: D:\MyPython\eg4-1.py ==
加法1的和为: 8
加法2的和为: 64
```

（b）运行结果

图 4-1　自定义加法函数

【**例 4-2**】 改进例 3-11，用自定义函数的方式，实现碱基互补链。

【**任务实现**】

任务分析：将输入的碱基链，转换为碱基互补链。所以，自定义函数时，输入的参数个数是 1，函数返回为互补链。具体程序代码如图 4-2 所示。

```
# 自定义函数
def DNAParing(source):
    t = ''  # 存储互补碱基链
    for c in source:
        match c:
            case 'A':
                t += "T"
            case 'T':
                t += "A"
            case 'C':
                t += "G"
            case 'G':
                t += "C"
            case _:
                t += "*"
    return t

# 调用函数完成任务
s = input('请输入碱基链 ATGC: ')          # 输入碱基链
p = DNAParing(s)                        # 调用函数得到互补链
print(f"碱基链{s}, 互补链为: {p}")        # 打印输出
```

（a）程序代码

图 4-2　自定义碱基互补链函数

```
==================== RESTART: D:\MyPython\eg4-2.py ==========
请输入碱基链ATGC: AGCTTCA
碱基链AGCTTCA，互补链为: TCGAAGT

==================== RESTART: D:\MyPython\eg4-2.py ==========
请输入碱基链ATGC: AG1C2TT3CA
碱基链AG1C2TT3CA，互补链为: TC*G*AA*GT
```

（b）运行结果

图 4-2 （续）

4.2.2 函数的参数传递方式

函数参数允许将数据传递给函数，以便在函数内部执行特定的任务。函数的参数是函数调用的重要组成部分，它们使函数更加灵活和通用。

在函数定义时，函数名称后的参数列表，称为形式参数；在函数调用时，函数名称后的参数列表，是实际要用的数据，称为实际参数。

在 Python 中，函数参数传递有两种主要方式：传值调用（Call by Value）和传引用调用（Call by Reference）。对于不可变对象（如数字、字符串、元组等），采用传值调用。而对于可变对象（如列表、字典等），采用传引用调用。要注意两者的区别，即函数内部对参数的更改是否会影响原始数据。

1. 传值调用

传值调用是一种参数传递方式，其中函数接收的是参数的副本，而不是原始参数本身。

当用户将参数传递给函数时，函数内部创建一个新的变量，该变量的值等于传递的参数值。这意味着函数内部对参数的任何更改都不会影响原始参数的值。

对于不可变对象（如数字、字符串、元组等），采用传值调用。

【例 4-3】 传值调用举例。

【任务实现】

任务分析：虽然自定义函数 add10()内部修改了 x 的值，但这不会影响调用函数的原始变量 value 的值。具体程序代码和运行结果如图 4-3 所示。

```python
def add10(x):
    x = x + 10
    print("自定义函数运行后 x 为:", x)

value = 5
y = add10(value)
print("函数调用后 value 为:", value)
```

（a）程序代码

```
==================== RESTART: D:\MyPython\eg4-3.py =
自定义函数运行后x为: 15
函数调用后value为: 5
```

（b）运行结果

图 4-3 传值调用举例

2. 传引用调用

函数接收参数的引用（或内存地址），这意味着函数可以更改原始参数的值。在 Python 中，列表、字典和其他可变对象可以用传引用调用方式传递，这样在函数内部就可以直接修改原始数据了。

【例 4-4】　传引用举例。

【任务实现】

任务分析：函数内部对列表 lst 的更改会影响原始列表 my_list。

具体程序代码和运行结果如图 4-4 所示。

```
def addlist(lst):
    lst.append(10)
    print("自定义函数运行后 lst 为:", lst)

my_list = [1, 2, 3]
addlist(my_list)
print("函数调用后 my_list 为:", my_list)
```

（a）程序代码

```
==================== RESTART: D:\MyPython\eg4-4.py =
自定义函数运行后lst为: [1, 2, 3, 10]
函数调用后my_list为: [1, 2, 3, 10]
```

（b）运行结果

图 4-4　传引用举例

4.2.3　函数的参数传递格式

在 Python 中，函数的参数传递主要有四种格式：位置参数传递、关键字参数传递、默认参数传递和可变数量参数传递。

1. 位置参数传递

位置参数传递是最常见的参数传递方式。函数的参数按照它们在函数定义中的顺序进行传递。在调用函数时，按照相同的顺序提供参数值。如例 4-1~例 4-4。

2. 关键字参数传递

使用关键字参数可以不考虑参数的顺序，直接为每个参数指定名称，这样可以提高可读性。

【例 4-5】　对比位置参数与关键字参数。

【任务实现】

任务分析：sum1 = add(3, 5, 7) 通过参数位置指定实际函数调用时运行的参数：3 是 a，5 是 b，7 是 c。sum2 = add(c=7, b=5, a=3) 通过关键字参数传递为每个参数指定名称，这就不用考虑实际参数的顺序。具体程序代码和运行结果如图 4-5 所示。

```
def add(a, b, c):
    return a + b + c

sum1 = add(3, 5, 7)         # 位置参数: 3 是 a, 5 是 b, 7 是 c
sum2 = add(c=7, b=5, a=3)   # 关键字参数: 每个参数指定名称, 不考虑顺序
```

图 4-5　位置参数与关键字参数

3. 默认参数传递

在函数定义中为参数设置默认值，这些参数成为默认参数。当函数调用时，如没提供具体的值，则将使用该参数的默认值。

【例 4-6】　默认参数传递举例。

【任务实现】

具体程序代码和运行结果如图 4-6 所示。

```
# 函数定义，指定形参 b 的默认值为 1，指定形参 c 的默认值为 0
def add(a, b=1, c=0):
    return a + b + c

sum1 = add(3)        # 3 是 a；缺少 b 和 c，则 b=1, c=0
sum2 = add(3, 5)      # 3 是 a, 5 是 b；缺少 c，则 c=0
sum3 = add(3, 5, 7)   # 3 是 a, 5 是 b, 7 是 c

print(f'sum1={sum1}, sum2={sum2}, sum3={sum3}')
```

（a）程序代码

```
======================= RESTART: D:\MyPython\eg4-6.py ===
sum1=4, sum2=8, sum3=15
```

（b）运行结果

图 4-6　默认参数传递举例

【例 4-7】　改进例 3-14，用自定义函数的方式，实现计算测试者的基础代谢率。

【任务实现】

任务分析：计算测试者的基础代谢率需要的数据有性别、体重、身高、年龄、平日活动强度，计算得到的基础代谢率是一个小数。所以，自定义函数需要 5 个参数，有函数返回。

具体程序代码和运行结果如图 4-7 所示。

```
# 自定义函数，函数参数 5 个：性别、体重、身高、年龄、平日活动强度
# 函数返回结果 2 个：基础代谢率 BMR、每日能量消耗 TDEE
def CalBMR(gender, weight, height, age, atype=1):
    BMR = 0
    TDEE = 0
    # 先按男性公式，计算基础代谢率
    BMR = 10 * weight + 6.25 * height - 5 * age + 5
    # 如果是女生，则在计算数据上做对应调整
    if gender == 0:
        BMR = BMR - 166
    # 计算每日能量消耗
    match atype:
        case 1:  # 久坐或基本不运动
            TDEE = 1.2 * BMR
        case 2:  # 轻度活动
            TDEE = 1.375 * BMR
        case 3:  # 中度活动
            TDEE = 1.55 * BMR
        case 4:  # 积极活动
            TDEE = 1.725 * BMR
        case 5:  # 高强度活动
            TDEE = 1.9 * BMR
        case _:  # 其他
            TDEE = 0
    return BMR,TDEE
```

（a）程序代码

图 4-7　自定义计算基础代谢率的函数

```
# 构建数据集列表：性别，体重，身高，年龄，平日活动强度
data = list()
data.append([202301,0, 55.5, 165, 18, 2])
data.append([202302,1, 80.5, 185, 18, 4])
data.append([202303,0, 50.2, 161.3, 23, 1])
data.append([202304,1, 72.3, 175.4, 19, 3])
data.append([202305,1, 76.6, 178.5, 20, 5])

# 保存所有测试者数据的集合,如: {202304:{"data":[], BRM:, TDEE: },...}
result = dict()
# 输出结果显示的表头
print(f"{'编号':^4}{'性别':^4}{'体重':^2}{'身高':^8}{'年龄':^4}{'平日活动强度':^8}{'基础代谢
率'}{'每日能量消耗':^8}")

# 遍历所有测试者数据
i = 0   #循环变量赋初值
while i <len(data):
    # 调用自定义函数，计算测试者的 BMR 和 TDEE，返回 2 个参数
    cBMR, cTDEE = CalBMR(data[i][1], data[i][2], data[i][3], data[i][4], data[i][5])
    # 构建每位测试者的数据集合, 如: {"data":[,,,], "BRM":, "TDEE": }
    persondata = dict()
    persondata["data"] = [data[i][1], data[i][2], data[i][3], data[i][4], data[i][5]]
    persondata["BMR"] = cBMR
    persondata["TDEE"] = cTDEE
    # 将每位测试者的所有数据加入到结果集合中, 如: { 202301:{"data":[], BRM:, TDEE: }, 202302:
{},...}
    result[data[i][0]] = persondata
    # 输出数据及计算结果
    print(f"{data[i][0]:^6}{data[i][1]:^5}{data[i][2]:^6}{data[i][3]:^9.1F}{data[i][4]:
^6}{data[i][5]:^13}{cBMR:^11.2F}{cTDEE:^14.2F}")
    #循环变量+1，定位下一条数据
    i += 1
```

（a）程序代码（续）

（b）运行结果

图 4-7　（续）

4. 可变数量参数传递

在函数定义中为参数设置为"*args"接收可变数量的非关键字参数,或者使用"**kwargs"来接收可变数量的关键字参数。这使得函数更加灵活,可以接收不同数量的参数。

（1）可变数量的非关键字参数*args。

args 是 arguments 的缩写,表示位置参数。*args 就是传递一个可变参数列表给函数实参,这个参数列表的数目未知,长度也可以为 0。*args 实际上是一个 tuple 数据。

【例 4-8】　自定义多个数求和的函数。

【任务实现】

任务分析:由于需要求和的输入数据不确定,所以采用可变数量的非关键字参数方式。

具体程序代码和运行结果如图 4-8 所示。

```
# 自定义函数
def add(*args):
    return sum(args)

# 调用函数，可变数量的非关键字参数传递
s = add(1, 2, 3, 4)
print(f"sum={s}")
```

（a）程序代码

```
========================= RESTART: D:\MyPython\eg4-8.py ==
sum=10
```

（b）运行结果

图 4-8　求和函数

（2）可变数量的关键字参数**kwargs。

kwargs 是将一个可变的关键字参数的字典传给函数实参。如同时使用*args 和kwargs 时，必须*args 参数在**kwargs 参数的前面。

【例 4-9】　自定义显示字典数据的函数。

【任务实现】　具体程序代码和运行结果如图 4-9 所示。

```
# 自定义函数
def print_info(**kwargs):
    for key, value in kwargs.items():
        print(f"{key}: {value}")

# 调用函数
print_info(name="夏天", age=30, gender="女")
```

（a）程序代码

```
========================= RESTART: D:\MyPython\eg4-9.py ==
name: 夏天
age: 30
gender: 女
```

（b）运行结果

图 4-9　自定义显示字典数据的函数

4.2.4　函数的变量作用域

在 Python 中，变量按其作用范围可以分为局部变量和全局变量。

1. 局部变量

局部变量是在函数内部声明的变量，其作用范围仅限于包含它的函数。局部变量用于存储临时数据，通常在函数内部计算或处理数据。

局部变量的生命周期仅限于函数的执行期间。一旦函数执行结束，局部变量将被销毁，无法在函数外部访问它们。

2. 全局变量

全局变量是在函数外部声明的变量，其作用范围涵盖整个程序。全局变量可以在程序的任何地方访问，包括函数内部。全局变量的生命周期与程序的执行时间相同。它们在程序启动时创建，在程序结束时销毁。

在函数内部的变量，Python 会默认将其视为局部变量。如果希望在函数内部修改全局变量，则先要用"global 变量名"来明确指示变量是全局的（并不是创建同名的局部变量），然后才能在函数内部修改全局变量的值。

此外，当全局变量和局部变量具有相同的名称时，Python 在查找变量时会首先搜索局部作用域，然后是嵌套的作用域，最后才是全局作用域。如果找到了具有相同名称的变量，它会在最接近的作用域中使用。

【例 4-10】 局部变量和全局变量示例。

【任务实现】

任务分析：变量 var1 在函数内是局部变量，在函数外有个同名的全局变量。在函数内部，var1 修改时，系统采用最接近的作用域——"局部变量"来使用。所以函数内打印输出时，显示的是局部变量 var1=11 的值。而在函数外的全局变量 var1 没有受到影响，在函数外的打印输出时的值是一开始定义的 var1=10 的值。

类似的变量 var2，由于在函数内部先申明了它是全局变量，所以，函数内部对 var2=22 的赋值，实现了对全局变量 var2 的修改。所以，两次打印输出的 var2 的值都是 22。

具体程序代码和运行结果如图 4-10 所示。

```
var1 = 10  # 全局变量
var2 = 20  # 全局变量

# 自定义函数
def modify_var():
    var1 = 11       # 同名的局部变量
    global var2     # 申明为全部变量
    var2 = 22
    print(f"[in]var1={var1}, var2={var2}")

# 调用函数
modify_var()
print(f"[out]var1={var1}, var2={var2}")
```

（a）程序代码

```
======================= RESTART: D:\MyPython\eg4-10.py ===
[in]var1=11, var2=22
[out]var1=10, var2=22
```

（b）运行结果

图 4-10　局部变量和全局变量示例

4.3 匿名函数

4.3.1 匿名函数的说明

匿名函数是一种小型、无名称的函数，是一种简化的函数定义，通常在需要一个小型函数作为参数时使用，而不必显式定义一个完整的函数。

匿名函数通常用于需要一个短小函数的场景，如在排序、过滤和映射操作中，或在函数作为参数传递的情况下。匿名函数使代码的可读性更强，程序看起来更加简洁。

1. 语法格式

匿名函数的语法格式如下：

```
lambda  <参数列表> ：<表达式>
```

2. 说明

参数列表：类似自定义函数的参数列表，可以包含零个或多个参数。

表达式：用于定义匿名函数的操作，有返回结果。

4.3.2 匿名函数的常见用法

1. 单独应用

按匿名函数的参数个数，可以分为没有参数、一个参数和多个参数的应用。

【例 4-11】 匿名函数的常见用法举例。

【任务实现】

具体程序代码和运行结果如图 4-11 所示。

```python
# 无参数
greeting = lambda: "CCMU 1960"
print(greeting())  # 输出: CCMU 1960

# 一个参数
add1 = lambda x: x + 1
print(add1(5))  # 输出: 6

# 多个参数
add2 = lambda x, y: x + y
print(add2(1, 2))  # 输出: 3
```

图 4-11 匿名函数的常见用法（1）

2. 作为其他函数的参数用

匿名函数常常用作其他函数的参数，这是函数式编程的一种常见模式。用户可以将匿名函数传递给接收函数作为参数的高阶函数，以进行各种操作，如排序、映射、过滤等。

【例 4-12】 按年龄对人员进行排序。

【任务实现】

任务分析：排序可以用 sorted() 函数，用法如表 2-21 所示。

但由于排序的数据是字典数据中的一部分，所以可以用 lambda()函数设定排序数据，这样可使程序非常简洁。本例中，lambda()函数的局部变量为 person，指定的函数运行内容为取 person 变量的 age 的数据内容；然后，将这个返回值给 sorted()函数用于排序比较的数据内容。

具体程序代码和运行结果如图 4-12 所示。

```python
students = [{"name": "春天", "age": 23},{"name": "秋天", "age": 21},
        {"name": "夏天", "age": 25},{"name": "冬天", "age": 19}]

# 使用 lambda 函数按年龄对学生进行排序
sorted_students = sorted(students, key=lambda person: person["age"])
print("排序后: ",sorted_students)
```

（a）程序代码

图 4-12 匿名函数的常见用法（2）

```
===================== RESTART: D:\MyPython\eg4-12.py ======================
排序后：[{'name': '冬天', 'age': 19}, {'name': '秋天', 'age': 21}, {'name': '春
天', 'age': 23}, {'name': '夏天', 'age': 25}]
```

（b）运行结果

图 4-12　（续）

　　匿名函数可以使代码的可读性更强、程序看起来更加简洁。而在现实的互联网世界里，网络实名制对于维护网络秩序和安全具有重要意义。实名制要求上网者必须以真实姓名登录，并经过身份验证后才可以在互联网各网站和微博、微信等客户端发表言论以及使用一些其他互联网提供的服务。通过实名认证，网络管理部门可以更加有效地管理网络，防止不法分子利用网络进行违法活动。同时，实名制也可以让网民更加自律，减少在网络上的不良行为。

本章小结

　　本章主要介绍了的 Python 函数的定义和使用、自定义函数的定义和调用方法，以及函数的形式参数与实际参数的概念，掌握函数参数的传递方式。

　　此外，本章还介绍了匿名函数，以及匿名函数的常见用法。

第 5 章

文件操作

文件读写是 Python 编程中的基本操作，它允许程序与外部世界进行数据交换和通信。理解如何进行文件读写操作对于许多应用程序和编程任务都至关重要。

5.1 文件的打开与关闭

在 Python 的使用中，经常需要对文件进行读写与存储操作。Python 进行文件操作通常涉及打开、读取、写入和关闭文件。

5.1.1 文件类型

用 Python 可以处理多种类型的文件，它提供了广泛的库和模块来处理各种文件格式。用户可以根据需要选择适当的库和模块，以便有效地操作和处理不同类型的文件。从数据存储方式来分，文件类型有文本文件和二进制文件。

1. 文本文件

文本文件包含文本数据，以纯文本形式存储，通常使用 ASCII 或 UTF-8 编码。由于文本文件仅包含纯文本数据，因此它们在不同操作系统之间具有很好的跨平台兼容性。这些文件通常用来存储文本文档、配置文件、日志文件等。常见的文本文件类型有以下几种。

CSV 文件：CSV（Comma-Separated Values）文件是一种常见的文本文件格式，用于存储表格数据。Python 中有各种库（如 csv 模块）可用于处理 CSV 文件。

JSON 文件：JSON（JavaScript Object Notation）文件是一种用于存储结构化数据的文本文件格式。Python 中有内置的 json 模块用于解析和生成 JSON 数据。

XML 文件：XML（eXtensible Markup Language）文件是一种用于存储和交换数据的标记语言。Python 库（如 xml.etree.ElementTree）可用于解析和生成 XML 数据。

2. 二进制文件

二进制文件包含非文本数据，如图像、音频、视频、压缩文件等。这些文件通常以二进制形式存储，可以使用二进制读写模式来处理。常见的二进制文件类型有以下几种。

Excel 文件：Excel 文件是 Microsoft Excel 电子表格文件，Python 中有库（如 pandas 和 openpyxl）可用于处理 Excel 文件。

图片文件：图片文件包括各种图像格式，如 JPEG、PNG、GIF。Python 中有库（如 Pillow）可用于处理图像文件。

音频文件：音频文件包括音频格式，如 MP3、WAV。Python 中有库（如 pydub 和 audioread）可用于处理音频文件。

视频文件：视频文件包括视频格式，如 MP4、AVI。Python 中有库（如 moviepy）可用于处理视频文件。

数据库文件：数据库文件用于存储结构化数据，如 SQLite 数据库文件（.db 文件）。Python 中有内置的 sqlite3 模块可用于操作 SQLite 数据库。

日志文件：日志文件包含应用程序的日志信息，用于调试和错误跟踪。Python 中有 logging 模块用于生成和处理日志。

5.1.2　文件的打开

1. 语法格式
文件打开的语法格式一：

```
file = open(file_path, mode, encoding=None, buffering)
    <文件操作>
```

文件打开的语法格式二：

```
with open(file_path, mode, encoding=None, buffering) as file:
    <文件操作>
```

2. 说明
使用 open()函数打开文件后，可以使用文件对象 file 来对文件进行读取、写入、关闭等操作。如果该文件无法被打开，会抛出 OSError 异常。

（1）file_path：文件的路径，可以是文件的绝对路径或相对路径。

（2）mode：打开文件的模式，具体方式如表 5-1 所示。如不指定打开文件的模式，默认会使用文本模式。

表 5-1　打开文件的模式

模式	描　　述
t	文本模式（默认）
b	二进制模式
U	通用换行模式（不推荐）
x	写模式，新建一个文件，如果该文件已存在则会报错
r	以只读方式打开文件。文件的指针将会放在文件的开头。这是默认模式
w	打开一个文件只用于写入。如果该文件已存在则打开文件，并从头开始编辑，即原有内容会被删除。如果该文件不存在，创建新文件
a	打开一个文件用于追加。如果该文件已存在，文件指针将会放在文件的结尾。也就是说，新的内容将会被写到已有内容之后。如果该文件不存在，创建新文件进行写入
+	打开一个文件进行更新（可读可写）
rb	以二进制格式打开一个文件用于只读。文件指针将会放在文件的开头。这是默认模式。一般用于非文本文件，如图片等
r+	打开一个文件用于读写。文件指针将会放在文件的开头

模式	描 述
rb+	以二进制格式打开一个文件用于读写。文件指针将会放在文件的开头。一般用于非文本文件，如图片等
wb	以二进制格式打开一个文件只用于写入。如果该文件已存在则打开文件，并从头开始编辑，即原有内容会被删除。如果该文件不存在，创建新文件。一般用于非文本文件，如图片等
w+	打开一个文件用于读写。如果该文件已存在则打开文件，并从头开始编辑，即原有内容会被删除。如果该文件不存在，创建新文件
wb+	以二进制格式打开一个文件用于读写。如果该文件已存在则打开文件，并从头开始编辑，即原有内容会被删除。如果该文件不存在，创建新文件。一般用于非文本文件，如图片等
ab	以二进制格式打开一个文件用于追加。如果该文件已存在，文件指针将会放在文件的结尾。也就是说，新的内容将会被写到已有内容之后。如果该文件不存在，创建新文件进行写入
a+	打开一个文件用于读写。如果该文件已存在，文件指针将会放在文件的结尾。文件打开时会是追加模式。如果该文件不存在，创建新文件用于读写
ab+	以二进制格式打开一个文件用于追加。如果该文件已存在，文件指针将会放在文件的结尾。如果该文件不存在，创建新文件用于读写

（3）encoding：指定了在处理文件时所使用的编码类型，例如，encoding="utf-8"等。指定正确的 encoding 参数以确保文件中的文本数据被正确解释。

（4）buffering：缓冲参数（可选），用于指定文件的缓冲策略。通常可以省略或用默认值。

（5）如采用方式一打开文件且操作完成后，则要使用 file.close() 来关闭文件，以释放资源和确保文件完整性。

通常采用方式二（with 语句）来自动管理文件的打开和关闭，它确保在退出 with 代码块时文件会被正确关闭（即便触发异常也可以）。使用 with 相比等效的 try-finally 代码块要简短得多。

3. file 对象

用 open()函数打开文件后，就创建了文件对象 file，file 对象的部分常用方法如表 5-2 所示。

表 5-2　file 对象的部分常用方法

方　　法	描　　述
file.close()	关闭文件。关闭后文件不能再进行读写操作
file.flush()	刷新文件内部缓冲，直接把内部缓冲区的数据立刻写入文件，而不是被动的等待输出缓冲区写入
file.fileno()	返回一个整型的文件描述符，可以用在如 os 模块的 read 方法等一些底层操作上
file.isatty()	如果文件连接到一个终端设备返回 True，否则返回 False
file.next()	返回文件下一行
file.tell()	返回文件当前位置
file.truncate([size])	截取文件，截取的字节通过 size 指定，默认为当前文件位置

5.1.3 文件的关闭

文件关闭的语法格式如下：

```
f.close()
```

说明：

通过 with 语句执行完后，或调用 f.close() 关闭文件对象后，再次使用该文件对象将会失败。

5.2 文件的读写

文件打开后就可以对文件进行读取或写入操作了。根据文件类型的不同，读取文件的方式与写入也不同。

5.2.1 文件的读取

如以文本文件方式打开文件，则文件读入的是字符串；如以二进制文件方式打开，则读入的是文件字符流。file 对象常用的文件读取方法如表 5-3 所示。

表 5-3　file 对象常用的文件读取方法

方　　法	描　　述
file.read([size int])	从文件读取指定的字节数，返回字符串。 如果 size int 未给定或为负，则读取所有；如果为正，则读入该行前多少个字节
file.readline([size int])	读取一整行，包括行末的换行符（"\n"）。 若给定 size int>0，则读入该行前多少个字节
file.readlines([size int])	一次性读取文件所有行，包括行末的换行符（"\n"）。 每行为一个元素构成一个列表。如果 sizeint>0，则读入该行前多少个字节
file.seek(offset[, whence])	设置文件当前位置。offset=0 为文件头，offset=2 为文件尾。

【例 5-1】　打开 files 目录下的 Aspirin.txt 文件，并显示文件内容。文件内容如图 5-1 所示。

图 5-1　Aspirin.txt 文件

【任务实现】

任务分析：用 read() 方法从文件读取所有内容，方法返回的结果是字符串，可以直接打印输出。

具体程序代码和运行结果如图 5-2 所示。

```
# 以只读方式打开文件, 文件编码方式为 utf-8
f=open("files/Aspirin.txt",'r',encoding="utf-8")
# 一次性读入所有内容, 返回字符串
s = f.read()
print(s)
# 关闭文件
f.close()
```

（a）程序代码

```
>>>     ================= RESTART: D:\MyPython\eg5-1.py =====
        Aspirin
        阿司匹林
        1897
        https://www.bayer.com/en/products/aspirin
>>>
```

（b）运行结果

图 5-2　ccmu.txt 文件读取并显示

【例 5-2】　打开 files 目录下的 bj.csv 文件，将各个城区名称存到列表中。文件内容如图 5-3 所示。

```
bj.csv - 记事本                                                    —   □   ×
文件(F)  编辑(E)  格式(O)  查看(V)  帮助(H)
东城区,西城区,朝阳区,海淀区,丰台区,通州区,石景山区,顺义区,大兴区,房山区,门头沟区,昌平区,平谷区,密云区,怀柔区
```

图 5-3　ccmu1.csv 文件

【任务实现】

任务分析：CSV 文件是一种常见的文本文件格式，用于存储表格数据，其中数据以逗号（或其他分隔符）分隔列，如图 5-3 所示。一般双击打开 CSV 文件时，系统会自动用 Excel 软件打开，但可以用记事本打开看原始文件内容。

因为要将文件内容中的各个城区名称存到列表中，所以可以用 read() 方法从文件读取所有内容。读取的字符串以"，"为分隔符分割出各个元素组成一个列表。

具体程序代码如图 5-4 所示。

```
# 打开文件
with open("files/bj.csv",'r',encoding="utf-8") as f:
    s = f.read()  # 读取文件内容为字符串

# 以"，"为分隔符分割出元素组成一个列表
ls = s.split(',')
# 关闭文件
f.close()
```

图 5-4　bj.csv 文件读取并存储为列表

```
schools.txt - 记事本        —   □   ×
文件(F)  编辑(E)  格式(O)  查看(V)  帮助(H)
基础医学院
马克思主义学院
医学人文学院
中医药学院
药学院
公共卫生学院
护理学院
生物医学工程学院
全科医学与继续教育学院
国际学院
```

图 5-5　schools.txt 文件

【例 5-3】　打开 files 文件夹下的 schools.txt 文件，将各个学院名称存到列表中。文件部分内容如图 5-5 所示。

【任务实现】

任务分析：因为要将文件内容中的各个学院名称存到列表中，所以可以用 readline() 方法从文件逐行读取内容。此外，由于 readline() 方法返回结果包括行末的换行符（'\n'），因此需要使用 strip() 方法来去除末尾的换行符再存入列表中。

具体程序代码如图 5-6 所示。

```
# 打开文件
with open('files/schools.txt', 'r', encoding="utf-8") as file:
    lines = []                          # 创建一个空列表来存储每行内容
    while True:
        line = file.readline()          # 读取一行
        if not line:
            break                       # 如果读取到文件末尾，跳出循环
        lines.append(line.strip())      # 用 strip()方法去除换行符并将行添加到列表中
```

图 5-6　用 readline()方法读取 ccmu_school.txt 文件并存储为列表

【例 5-4】 用 readlines() 方法来实现例 5-3。

任务分析：readlines() 方法一次读取所有内容并存到列表中，但每一行行末的换行符（'\n'）都保存下来了。所以，可以在读取之后再各个列表元素用 strip()方法去除末尾的换行符再存入新的列表中。具体程序代码如图 5-7 所示。

```
# 打开文件
with open('files/schools.txt', 'r', encoding="utf-8") as file:
    lns = file.readlines()

# 创建一个空列表来存储每行内容
lines = []
# 逐行/元素 用 strip()方法去除换行符并添加到新列表中
for line in lns:
    lines.append(line.strip())
```

图 5-7　用 readlines()方法读取 school.txt 文件并存储为列表

5.2.2　文件的写入

file 对象常用的文件写入如表 5-4 所示。

表 5-4　file 对象常用的文件写入方法

方　　法	描　　述
file.write(str)	将字符串写入文件，返回的是写入的字符长度
file.writelines(sequence)	向文件写入一个序列字符串列表，如果需要换行则要自己加入每行的换行符

【例 5-5】 在 bj.csv 文件末尾中，添加一个"延庆区"。

【任务实现】

任务分析：因为要添加数据，所以使用"a"模式来打开文件，然后使用 write() 方法将新数据添加到文件的末尾。具体程序代码如图 5-8 所示。

```
with open('files/bj.csv', 'a', encoding="utf-8") as file:
    str = ',延庆区'
    file.write(str)
```

图 5-8　文件添加数据

【例 5-6】 2023 年 8 月 19 日中国医师节主题："勇担健康使命，铸就时代新功"。将这个主题写入一个新文件，保存名为 eg5-6.txt，文件内容如图 5-9 所示。

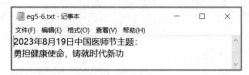

图 5-9　新文件内容

【任务实现】

任务分析：如果该文件不存在，则创建新文件；如果该文件已存在，则覆盖以前生成的文件。所以使用"w"模式来打开文件。另外，由于分两行写入，则需要自己加入每行的换行符"\n"。具体程序代码如图 5-10 所示。

【说明】

由于没有打开文件时，没有指定编码方法，新建文件的编码方式为 ANSI。ANSI 编码通常采用的编码是"encoding='cp1252'"，是特定于 Windows 操作系统的，而在跨平台和国际化环境中，更推荐使用 Unicode 编码，如 UTF-8 或 UTF-16，以处理不同语言和字符集的文本。

```
ls = ['2023 年 8 月 19 日中国医师节主题：\n', '勇担健康使命，铸就时代新功']
with open('files/output/eg5-6.txt', 'w') as file:
    file.writelines(ls)
```

图 5-10　新建文件写入数据

【例 5-7】　将例 3-14 中的 5 位测试者的基本数据（见表 3-1）写入文件中，保存名为 eg5-7.csv，文件内容如图 5-11 所示。

图 5-11　新数据文件内容

【任务实现】

任务分析：使用"w"模式来打开文件。由于数据内容为二维列表，所以采用循环方式将数据逐行写入文件中。具体程序代码如图 5-12 所示。

```
# 构建数据集列表： 性别，体重，身高，年龄，平日活动强度
data =[ [202301,0, 55.5, 165, 18, 2], [202302,1, 80.5, 185, 18, 4],
      [202303,0, 50.2, 161.3, 23, 1],[202304,1, 72.3, 175.4, 19, 3],
      [202305,1, 76.6, 178.5, 20, 5] ]
# 打开文件
with open('files/output/eg5-7.csv', 'w') as file:
    for row in data:
        # 将子列表转换为逗号分隔的字符串
        row_str = ','.join([str(num) for num in row])
        file.write(row_str + '\n')  # 写入每个子列表字符串并添加换行符
```

图 5-12　创建新数据文件

5.3 文件夹的操作

在 Python 的文件使用中，经常需要对文件夹进行创建、删除、检查存在性、获取文件夹内容等操作。可使用 Python 标准库中的 os 模块来实现这些功能。

5.3.1 os 模块

os 全称为 Operating System，os 模块是 Python 标准库中的一个核心模块。os 模块提供了与操作系统交互的各种方法，例如，创建、删除、移动文件或目录，获取当前工作目录，运行命令行程序等。在用到 os 模块相应的方法之前，要先导入该库，即"import os"。

1. 目录及文件操作

os 模块中包含了一些目录及文件操作相关的方法，常用的方法如表 5-5 所示。

表 5-5 常用的目录及文件操作方法

方 法	描 述
os.getcwd()	返回当前工作目录
os.chdir(path)	改变当前工作目录
os.listdir(path)	返回 path 文件夹中包含的文件或文件夹名字的列表
os.mkdir(path)	创建单层目录
os.makedirs(path)	递归创建多层目录
os.rmdir(path)	删除空目录
os.removedirs(path)	递归删除多层空目录
os.remove(path)	删除文件
os.rename(src, dst)	重命名文件或目录
os.walk(path, topdown =True)	遍历目录树，返回一个三元组，包括当前文件夹的路径（root）、当前文件夹中的子文件夹列表（dirs）和当前文件夹中的文件列表（files）。其中，若 topdown=True，遍历顺序是自顶向下，先返回根文件夹，然后是子文件夹；若 topdown=False，则自底向上，先返回叶子文件夹，然后是根文件夹

2. 文件路径操作

os.path 是 os 模块的一个子模块，用于路径操作，如查询文件属性，检查文件是否存在以及执行各种路径相关的操作。常用的方法如表 5-6 所示。

表 5-6 常用的文件路径方法

方 法	描 述
os.path.join(path, *paths)	接路径的各个部分拼接成一个完整的路径
os.path.exists(path)	检查文件或目录是否存在
os.path.isdir(path)	检查指定路径是否是目录
os.path.isfile(path)	检查指定路径是否是文件
os.path.abspath(path)	返回指定路径的绝对路径
os.path.dirname(path)	返回路径中的目录部分

方　　法	描　　述
os.path.basename(path)	返回路径中的文件名部分
os.path.split(path)	返回目录和文件名的元组

5.3.2　文件夹操作应用

【**例 5-8**】　显示文件夹下所有的文件夹或文件名。

【**任务实现**】具体程序代码如图 5-13 所示。

```
import os

# 指定文件夹的路径
folder_path = 'D:/MyPython/files'
# 获取文件夹下所有的文件夹或文件名
file_list = os.listdir(folder_path)

# 遍历文件列表并打印文件名
for file in file_list:
    print(file)
```

图 5-13　显示文件夹下所有的文件夹或文件名

【**例 5-9**】　批量创建文件夹。给 schools.txt 文件中的名称，创建相应的文件夹。

【**任务实现**】　具体程序代码如图 5-14 所示。

```
import os

# 指定根文件夹路径
root_folder = "D:/MyPython/files/output/eg5-9"

# 打开文件
with open('files/schools.txt', 'r', encoding="utf-8") as file:
    # 逐行读取文件内容
    for line in file:
        folder_name = line.strip()              # 去除行尾的换行符
         # 构建新文件夹完整路径
        folder_path = os.path.join(root_folder, folder_name)
        if not os.path.exists(folder_path):  # 如果该文件夹不存在，则创建文件夹
            os.makedirs(folder_path)
```

图 5-14　批量创建文件夹

【**例 5-10**】　批量删除某文件夹中空的子文件夹。

【**任务实现**】只删除空文件夹，所以要先判断是否为空文件夹。具体程序代码如图 5-15 所示。

【**思考题**】

程序中为什么是"topdown=False"，而不是"topdown=True"？

```
import os

# 自定义函数
def delete_empty_folders(folder_path):
    for root, dirs, files in os.walk(folder_path, topdown=False):
        for dir in dirs:
            dir_path = os.path.join(root, dir)
            if not os.listdir(dir_path):
                os.rmdir(dir_path)
                print(f"已删除空文件夹: {dir_path}")

# 指定文件夹路径
folder_path = "D:/MyPython/files/output"

# 调用函数删除空文件夹
delete_empty_folders(folder_path)
```

图 5-15　批量删除空的子文件夹

【例 5-11】　将例 4-7 所计算实现的输出数据按 CSV 格式保存到 output 文件夹下的"eg5-11.csv"文件中，文件内容如图 5-16 所示。

```
编号,性别,体重,身高,年龄,平日活动强度,基础代谢率,每日能量消耗
202301,0,55.5,165,18,2,1335.25,1835.96875
202302,1,80.5,185,18,4,1876.25,3236.53125
202303,0,50.2,161.3,23,1,1234.125,1480.95
202304,1,72.3,175.4,19,3,1729.25,2680.3375
202305,1,76.6,178.5,20,5,1786.625,3394.5874999999996
```

图 5-16　新 CSV 文件内容

【任务实现】

具体程序代码如图 5-17 所示。

```
# 自定义函数，函数参数 5 个：性别、体重、身高、年龄、平日活动强度,
# 函数返回结果 2 个：基础代谢率 BMR、每日能量消耗 TDEE
def CalBMR(gender, weight, height, age, atype=1):
    BMR = 0
    TDEE = 0
    # 先按男性公式，计算基础代谢率
    BMR = 10 * weight + 6.25 * height - 5 * age + 5
    # 如果是女生，则在计算数据上做对应调整
    if gender == 0:
        BMR = BMR - 166
    # 计算每日能量消耗
    match atype:
        case 1:  # 久坐或基本不运动
            TDEE = 1.2 * BMR
        case 2:  # 轻度活动
            TDEE = 1.375 * BMR
        case 3:  # 中度活动
            TDEE = 1.55 * BMR
        case 4:  # 积极活动
            TDEE = 1.725 * BMR
        case 5:  # 高强度活动
            TDEE = 1.9 * BMR
        case _:  # 其他
            TDEE = 0
```

图 5-17　计算数据并保存

```
        return BMR,TDEE
    # 构建数据集列表: 性别,体重,身高,年龄,平日活动强度
    data = list()
    data.append([202301,0, 55.5, 165, 18, 2])
    data.append([202302,1, 80.5, 185, 18, 4])
    data.append([202303,0, 50.2, 161.3, 23, 1])
    data.append([202304,1, 72.3, 175.4, 19, 3])
    data.append([202305,1, 76.6, 178.5, 20, 5])
    # 遍历所有测试者数据
    i = 0  # 循环变量赋初值
    with open('files/output/eg5-11.csv', 'w') as file:
        row_title = "编号,性别,体重,身高,年龄,平日活动强度,基础代谢率,每日能量消耗"
        file.write(row_title + '\n')
        while i <len(data):
            # 调用自定义函数,计算测试者的 BMR 和 TDEE,返回 2 个参数
            cBMR, cTDEE = CalBMR(data[i][1], data[i][2], data[i][3], data[i][4], data[i][5])
            # 将原始数据及计算结果,用逗号隔开
            row_str = str(data[i][0]) + "," + str(data[i][1]) + "," + str(data[i][2]) + ","
+ str(data[i][3]) + "," + str(data[i][4]) + "," + str(data[i][5]) + "," + str(cBMR) + "," +
str(cTDEE)
            print("row_str=",row_str)
            # 写入每个子列表字符串并添加换行符
            file.write(row_str + '\n')
            # 循环变量+1,定位下一条数据
            i += 1
```

图 5-17　（续）

拓展与思考

《中华人民共和国密码法》自 2020 年 1 月 1 日起施行，旨在规范密码应用和管理，促进密码事业发展，保障网络与信息安全，维护国家安全和社会公共利益，保护公民、法人和其他组织的合法权益。

本章小结

本章在介绍了文件基本类型的基础上，主要介绍了用 Python 进行文件的打开、读取、写入和关闭操作，以及利用 os 模块进行文件夹的创建、删除、检查存在等操作。

第6章

Python 计算生态

Python 是一种功能强大的编程语言，其中有许多常用的标准库和第三方库，可以扩展 Python 的功能，使它适用于各种不同的应用领域。这些库提供了丰富的功能和工具，使编写 Python 程序更加高效和便捷。

6.1 Python 标准库

Python 是当今人工智能和机器学习领域最流行的编程语言之一。Python 标准库非常庞大，所提供的组件涉及范围十分广泛，提供了日常编程中许多问题的标准解决方案。

6.1.1 Python 的标准库

Python 内置的标准库是 Python 编程语言的一部分，提供了许多常用功能的模块和包，可以在开发过程中直接使用，无须额外安装。这些标准库包括各种模块，涵盖了文件操作、数据处理、网络通信、日期和时间处理、图形界面、数据库访问等多个领域。Python 标准库的官方文档见网址"https://docs.python.org/zh-cn/3/library/index.html"。

Python 常用的标准库可以分为以下几类，每个分类包含一组相关的模块和功能。

1. **基本数据类型和运算**
- math：数学运算函数和常量。
- random：生成随机数的模块。
- decimal：高精度浮点数运算。
- fractions：处理有理数。

2. **文件和输入/输出**
- io：提供基本的输入和输出操作。
- os、os.path：操作文件系统和路径。
- sys：用于访问 Python 解释器的运行时信息和配置。
- fileinput：用于逐行读取文件。
- pathlib：提供面向对象的文件路径操作。

3. **文本处理**
- string：包含字符串处理相关的常量和函数。
- re：用于正则表达式操作的模块。

- textwrap：用于文本包装和缩进的模块。
- unicodedata：处理 Unicode 字符数据。

4．时间和日期

- datetime：处理日期和时间的模块。
- time：处理时间的模块。
- calendar：生成日历和日期操作。

5．文件格式和编码

- json：用于处理 JSON 格式的数据。
- csv：处理逗号分隔值（CSV）文件。
- pickle：用于序列化和反序列化 Python 对象。
- base64：进行 Base64 编码和解码。

6．网络和通信

- socket：用于网络编程的模块。
- http、urllib：处理 HTTP 请求和响应的模块。
- smtplib：用于发送电子邮件的模块。

7．多线程和并发

- threading：用于多线程编程的模块。
- multiprocessing：用于多进程编程的模块。
- queue：用于多线程之间的数据传递。

8．测试和调试

- unittest：Python 的单元测试框架。
- doctest：用于从文档字符串中提取和运行测试的模块。
- pdb：Python 的调试器。

9．图形界面

- turtle：绘制简单的图形。
- tkinter：创建桌面图形界面应用程序。

6.1.2　库的导入

Python 标准库可以在开发过程中直接使用，无须额外安装。而第三方库需要在单独安装完成后才能使用，具体见 6.2 节。

Python 标准库或第三方库需要用 import 语句先导入后，才能使用其包含的特定的函数或类。import 语句可以在程序的任何位置使用。

1．导入整个库

导入整个库的语法格式一如下：

```
import  <库名 1>, …, <库名 n>
```

例如，import math 为导入整个 math 库。

import 语句可以一次导入一个库，也可以一次导入多个库，库名之间需要用逗号隔开。例如，import sys,os 为一次导入 sys 和 os 两个库。

导入整个库的语法格式二如下：

```
import <库名> as 别名
```

在实际应用中，某个库导入后可能会多次调用，所以为其取一个别名可以简化输入。例如，import numpy as np 为导入整个 numpy 库并为其指定别名 np。

2. 导入某库的特定函数

导入某库的特定函数的语法格式如下：

```
from <库名> import <函数名1>, …, <函数名n>
```

"from…import…"语句可以一次导入某个库的一个特定的函数，也可以一次导入多个特定的函数，函数名之间需要用逗号隔开。例如，from math import sqrt, pi 为导入 math 库中的 sqrt 和 pi。

6.1.3　库模块的调用

一旦导入了库或模块，就可以使用它提供的功能，如函数、类、变量等。通过库或模块的别名（如果有）来访问其内容。

1. 调用整个库导入的函数

调用整个库导入的函数的语法格式如下：

```
<库名或库别名>.<函数名>(参数)
```

例如，导入 import math 后，其调用函数方式为 math.sqrt(9)；导入 import numpy as np 后，其调用函数方式为 np.array([1, 2, 3])。

2. 直接调用从库中导入的特定函数

直接调用从库中导入的特定函数的语法格式如下：

```
<函数名>(参数)
```

例如，导入 from math import sqrt, pi 后，其调用函数方式为 sqrt(9)。

6.2　第三方库的下载与安装

pip 是 Python 第三方库最主要的在线安装方式，但是还有一些第三方库无法用 pip 安装，或无法在线安装，此时，需要其他的安装方法。

6.2.1　pip 安装

PyPI（Python Package Index）是 Python 官方的 Python 社区开发和共享的第三方库的仓库，所有人都可以下载第三方库或上传自己开发的库到 PyPI。

PyPI 的官方网址为"https://pypi.org"。如图 6-1 所示，截至 2023 年 10 月，已有 49 万个项目。

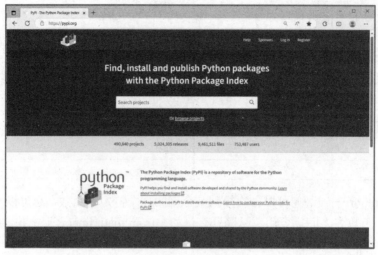

图 6-1　PyPI 官网

1. 安装第三方库

pip（Package Installer for Python）是 Python 第三方库最主要的安装方式，可以安装大多数的第三方库。pip 方式，需要在联网的情况下安装。

在 Windows 中，pip 命令在"命令提示符"窗口中直接运行。前提是系统已安装了 Python 解释器且配置好了系统环境变量（见附录 A）。

pip 安装第三方库的命令格式如下：

```
pip  install  <拟安装库名>
```

pip 可以一次只安装一个库（见图 6-2），也可以一次命令安装多个库，多个库用空格隔开（见图 6-3）。

默认情况下 pip 使用的是国外的镜像，在下载的时候速度非常慢。我们可以使用国内的镜像源来加快下载速度。常用的国内镜像源有：

清华大学：https://pypi.tuna.tsinghua.edu.cn/ simple；

阿里云：https://mirrors.aliyun.com/pypi/simple/；

中国科技大学 https://pypi.mirrors.ustc. edu.cn/simple/；

豆瓣：http://pypi.douban.com/simple/。

pip 安装时指定国内镜像源，其格式如下：

```
pip  install  <拟安装库名>  -i  https://pypi.tuna.tsinghua.edu.cn/simple
```

如长期多次使用国内镜像源，可以先进行系统设置后，再用 pip 基础命令下载（见图 6-4）。该命令格式如下：

```
pip  config  set  global.index-url  https://pypi.tuna.tsinghua.edu.cn/simple
```

【例 6-1】　用 pip 命令安装 numpy。

【任务实现】

（1）在 Windows 中，单击桌面左下角的"开始"按钮▦，在"Windows 系统"目录中单击"命令提示符"，打开"命令提示符"窗口（打开该窗口的方式有多种）。

（2）在"命令提示符"窗口中，输入"pip install numpy"命令后，按回车键进行安装。安装过程如图 6-2 所示。

（3）安装结果中显示，pip 下载用了"清华"国内镜像源。

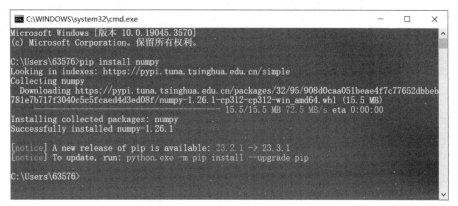

图 6-2　pip 安装 numpy

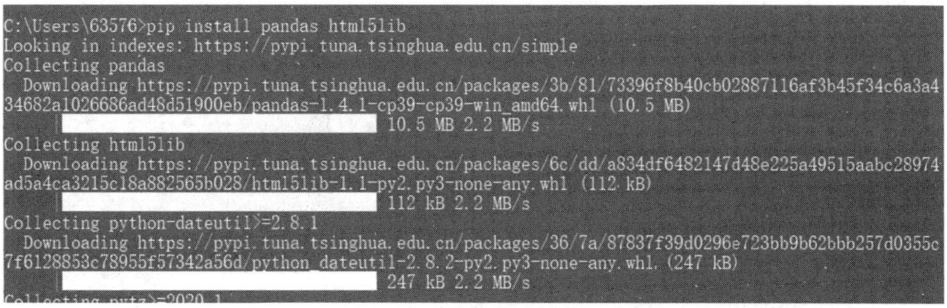

图 6-3　pip 同时安装多个库

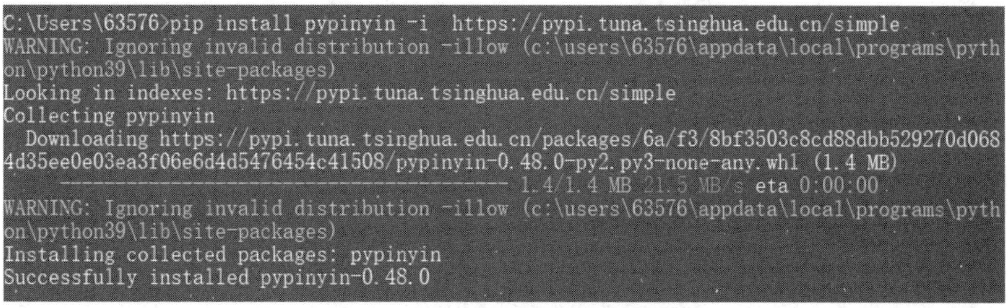

图 6-4　pip 使用国内镜像源安装

2. pip 升级

如图 6-2 所示的安装结果说明最后 2 行还显示了 2 个系统提示：pip 命令自身可以从现在的版本 "23.2.1" 升级到 "23.3.1"，并且给出了 pip 的升级命令 "python.exe -m pip install --upgrade pip"，如图 6-5 所示。

pip 升级的命令格式如下：

```
python -m pip install --upgrade pip
```

```
C:\Users\63576>python -m pip install --upgrade pip
Looking in indexes: https://pypi.tuna.tsinghua.edu.cn/simple
Requirement already satisfied: pip in c:\users\63576\appdata\local\programs\python\python312
\lib\site-packages (23.2.1)
Collecting pip
  Downloading https://pypi.tuna.tsinghua.edu.cn/packages/47/6a/453160888fab7c6a432a6e25f8afe
6256d0d9f2cbd25971021da6491d899/pip-23.3.1-py3-none-any.whl (2.1 MB)
     ---------------------------------------- 2.1/2.1 MB 33.3 MB/s eta 0:00:00
Installing collected packages: pip
  Attempting uninstall: pip
    Found existing installation: pip 23.2.1
    Uninstalling pip-23.2.1:
      Successfully uninstalled pip-23.2.1
Successfully installed pip-23.3.1

C:\Users\63576>
```

图 6-5　pip 命令升级

3. 卸载已安装的库

卸载已安装的库的命令格式如下：

```
pip  uninstall  <拟卸载库名>
```

有的库在卸载过程，需要用户确认，如图 6-6 所示。

```
C:\Users\63576>pip uninstall pygame
Found existing installation: pygame 2.1.2
Uninstalling pygame-2.1.2:
  Would remove:
    c:\users\63576\appdata\local\programs\python\python39\include\pygame\_camera.h
    c:\users\63576\appdata\local\programs\python\python39\include\pygame\_pygame.h
    c:\users\63576\appdata\local\programs\python\python39\include\pygame\_surface.h
    c:\users\63576\appdata\local\programs\python\python39\include\pygame\camera.h
    c:\users\63576\appdata\local\programs\python\python39\include\pygame\font.h
    c:\users\63576\appdata\local\programs\python\python39\include\pygame\freetype.h
    c:\users\63576\appdata\local\programs\python\python39\include\pygame\include\_pygame.h
    c:\users\63576\appdata\local\programs\python\python39\include\pygame\include\bitmask.h
    c:\users\63576\appdata\local\programs\python\python39\include\pygame\include\pgcompat.h
    c:\users\63576\appdata\local\programs\python\python39\include\pygame\include\pgimport.h
    c:\users\63576\appdata\local\programs\python\python39\include\pygame\include\pgplatform.h
    c:\users\63576\appdata\local\programs\python\python39\include\pygame\include\pygame.h
    c:\users\63576\appdata\local\programs\python\python39\include\pygame\include\pygame_bufferproxy.h
    c:\users\63576\appdata\local\programs\python\python39\include\pygame\include\pygame_font.h
    c:\users\63576\appdata\local\programs\python\python39\include\pygame\include\pygame_freetype.h
    c:\users\63576\appdata\local\programs\python\python39\include\pygame\include\pygame_mask.h
    c:\users\63576\appdata\local\programs\python\python39\include\pygame\include\pygame_mixer.h
    c:\users\63576\appdata\local\programs\python\python39\include\pygame\include\sse2neon.h
    c:\users\63576\appdata\local\programs\python\python39\include\pygame\mask.h
    c:\users\63576\appdata\local\programs\python\python39\include\pygame\mixer.h
    c:\users\63576\appdata\local\programs\python\python39\include\pygame\palette.h
    c:\users\63576\appdata\local\programs\python\python39\include\pygame\pgarrinter.h
    c:\users\63576\appdata\local\programs\python\python39\include\pygame\pgbufferproxy.h
    c:\users\63576\appdata\local\programs\python\python39\include\pygame\pgcompat.h
    c:\users\63576\appdata\local\programs\python\python39\include\pygame\pgopengl.h
    c:\users\63576\appdata\local\programs\python\python39\include\pygame\pgplatform.h
    c:\users\63576\appdata\local\programs\python\python39\include\pygame\pygame.h
    c:\users\63576\appdata\local\programs\python\python39\include\pygame\scrap.h
    c:\users\63576\appdata\local\programs\python\python39\include\pygame\surface.h
    c:\users\63576\appdata\local\programs\python\python39\lib\site-packages\pygame-2.1.2.dist-info\*
    c:\users\63576\appdata\local\programs\python\python39\lib\site-packages\pygame\*
Proceed (Y/n)? y
  Successfully uninstalled pygame-2.1.2
```

图 6-6　pip 命令卸载已安装的库

4. 其他常用的 pip 命令

查看已安装库的命令格式如下：

```
pip list
```

查看某已安装库的详细信息的命令格式如下：

```
pip show <拟查询库名>
```

查找已安装库的命令格式如下：

```
pip search <拟查找库名>
```

查看 pip 的用法说明的命令格式如下：

```
pip -h
```

6.2.2　源码的下载与安装

pip 方式需要在联网的情况下才能安装，在没有网络环境的情况下就无法安装了。这时，可以提前下载好第三方库的源码，然后再进行源码安装。

【例 6-2】　下载中文分词库 jieba 的源码并安装使用。

由于中文文本没有像英文那样的空格来明确区分单词，所以在进行文本分析之前，需要将连续的文本切分成有意义的单词或短语，这就是分词。

Python 中常用的分词库：jieba、THULAC（清华大学开放中文词法分析工具包）、LAC（百度的 Lexical Analysis of Chinese）、HanLP 和 SnowNLP 等。

jieba 是最受欢迎的中文分词库之一，它支持的分词模式有精确模式、全模式和搜索引擎模式，分词的结果返回的是一个列表 list。

（1）jieba.lcut(s)：是最常用的中文分词函数，用于精确模式，即将字符串分割成等量的中文词组，返回结果是列表类型。

（2）jieba.lcut(s, cut_all = True)：用于全模式，即将字符串的所有分词可能均列出来，返回结果是列表类型，冗余性最大。

（3）jieba.lcut_for_search(s)：用于搜索引擎模式，该模式首先执行精确模式，然后再对其中的长词进一步切分获得最终结果。

【任务实现】

（1）在如图 6-7（a）所示的官方网站 PyPI 上，按关键词 "jieba" 搜索第三方库。搜索结果如图 6-7（b）所示，第一项 jieba 0.42.1 即为所要找的库。

（a）PyPI 上搜索

图 6-7　在 PyPI 上搜索 jieba 库

（b）搜索结果

图 6-7　（续）

（2）单击进入该库的网页"https://pypi.org/project/jieba/"，如图 6-8 所示，里面有 jieba
库的介绍、下载链接和使用说明等。

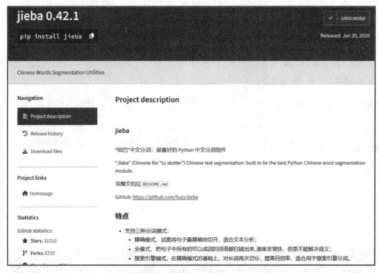

图 6-8　jieba 库网页

（3）单击浏览器左侧的"Download files"菜单，浏览器右侧显示了下载链接（见图 6-9），

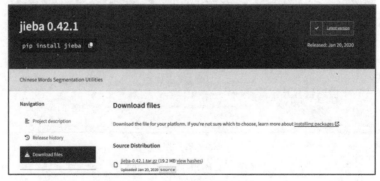

图 6-9　jieba 库下载网页

下载源码 jieba-0.42.1.tar.gz。

（4）进入下载源码的文件夹，解压该压缩文件。

（5）单击 PyCharm 软件下方的"终端"按钮，打开"终端"窗口，在里面用 cd 命令进到解压缩文件夹"jieba-0.42.1"；再输入"python setup.py install"命令后，按回车键开始执行源码文件的库安装（见图 6-10）。

技巧：在命令提示符下，可以输入文件名的前面几个字符，再按 Tab 键，系统在不重名的情况下会自动补齐文件名，从而实现快速输入文件名。

图 6-10　安装 jieba 库源码文件

（6）成功安装完 jieba 库后，就可以使用该库的功能了。

新建 Python 程序"eg6-2.py"，如图 6-11 所示输入程序。先用"import jieba"引用库，然后再调用 jieba 库的分词方法实现相应的分词功能。

图 6-11　编写并运行引用 jieba 库的程序

程序输入完成后,单击"运行"菜单下的"运行"命令 ▷,在弹出的选项中选择"eg6-2"开始运行程序。运行过程中图标变成 ⟳ ✿ ▣,单击红色的 ▣ 按钮可以提前结束程序的运行。程序运行完成后,恢复到初始状态 ▷。

注意:程序上方的"运行"按钮 ▷,默认运行的是上一次运行过的程序。

在 PyCharm 软件窗口下方出现一个以程序名命名的输出窗口,里面前 4 行显示的是系统运行程序的过程。之后才是程序中的 print() 函数执行的结果。

当窗口中出现"进程已结束,退出代码为 0",表明程序运行已完成。

6.2.3　WHL 文件的下载与安装

".whl"文件是 Python 的一种分发格式,全称为 Wheel。相比于其他格式,如源代码包,Wheel 文件通常更快且更容易安装。

提前下载好".whl"文件再安装,也可以解决 pip 安装时无网络环境的问题。

1. 下载地址

在 PyPI 网站相关库的网页介绍中,可下载 whl 文件。但也存在一些第三方库不在 PyPI 网站上。

美国加州大学网站上的网页(https://www.lfd.uci.edu/~gohlke/pythonlibs/),整理了一些可供 Windows 直接安装的第三方库的扩展名为 whl 的文件,如图 6-12 所示。但该网站可能存在 whl 文件更新不及时的问题。

图 6-12　第三方库下载网页

2. 安装方式
命令格式如下:

```
pip install <文件名.whl>
```

【例 6-3】 下载词云库 wordcloud 的 whl 文件并安装使用。

在 Python 中生成词云是一种流行的方式,用来可视化文本数据。词云以词语为基本单元,根据其在文本中出现的频率设计不同大小以形成视觉上的不同效果,形成"关键词云层"或"关键词渲染"。词云通常使用 wordcloud 库来实现，该库允许创建各种自定义和风格化的词云。

生成词云时，可能需要对文本进行预处理，如移除停用词、标点符号等，以得到更准确和清晰的可视化效果。

wordcloud 库的 WordCloud() 函数中的参数可以自定义词云显示效果：

（1）width 和 height：设置词云图的大小；

（2）background_color：设置背景颜色；

（3）stopwords：设置需要排除的词汇；

（4）max_words：设置显示的最大词汇数量；

（5）font_path：设置字体；

（6）mask：根据图片形状生成词云。

完整详细的函数参数说明，可查看官网"https://pypi.org/project/wordcloud"。

【任务实现】

（1）在如图 6-13（a）所示的官方网站 PyPI 上，按关键词"wordcloud"搜索第三方库。搜索结果如图 6-13（b）所示，第一项 wordcloud 1.9.2 即为所要找的库。

（a）PyPI 上搜索

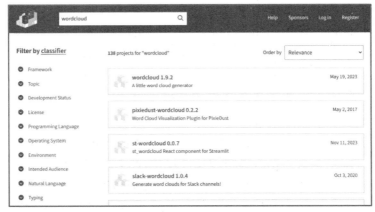

（b）搜索结果

图 6-13　在 PyPI 上搜索 wordcloud 库

（2）单击进入该库的网站"https://pypi.org/project/wordcloud/"，里面有 wordcloud 库的介绍、下载链接和使用说明等。单击浏览器左侧的"Download files"菜单，浏览器右侧显示了下载链接（见图 6-14）。

图 6-14　下载 wordcloud 库 whl 文件

（3）根据安装环境选择下载安装文件。本书选择 64 位 Windows 操作系统下的最新版本的文件：wordcloud-1.9.2-cp311-cp311-win_amd64.whl。

（4）单击 PyCharm 软件下方的"终端"按钮。打开"终端"窗口，在里面用 cd 命令进入下载的 whl 文件所在的文件夹。

（5）输入"pip install .\wordcloud-1.9.2-cp311-cp311-win_amd64.whl"命令后，按回车键开始执行源码文件的库安装（见图 6-15）。

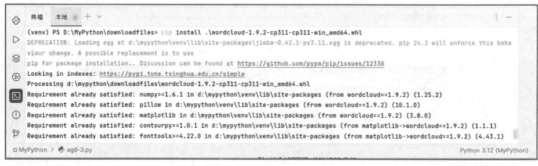

图 6-15　安装 whl 文件

（6）成功安装完 wordcloud 库后，就可以使用该库的功能了。

新建 Python 程序"eg6-3.py"，如图 6-16 所示输入程序。先用"import wordcloud"导入库，然后再调用 wordcloud 库的方法实现相应的词云功能。

程序输入完成后，右键单击程序名的标题，在弹出来的快捷菜单中选择"运行'eg6-3'"命令，开始运行程序。

图 6-16　编写并运行引用 wordcloud 库的程序

（7）查看运行结果。

在 PyCharm 软件窗口下方出现一个以程序名命名的输出窗口，当窗口中出现"进程已结束，退出代码为 0"，表明程序运行已完成。

打开资源管理器，到程序中定义的词云图片的文件夹中，可查看到所生成的词云图片，如图 6-17 所示。

说明： 多次运行该词云程序会发现，每次生成的图片不会完全一样，具有随机显示的效果。

图 6-17　所生成的词云

6.2.4　在 PyCharm 中安装及管理第三方库

在命令行中安装和管理第三方库不是特别方便，而 PyCharm 软件支持在项目中直接进行镜像源设置，以及第三方库的在线安装、升级和删除等操作。

具体 PyCharm 软件的安装和常用设置见 1.2.4 节。

1. 设置国内镜像

在 PyCharm 软件中设置国内镜像源的方法如下：

（1）打开 Python 软件包（Python Packages）的管理界面。

单击 PyCharm 底部左侧的 Python "软件包"按钮 ⊗，如图 6-18 所示。

PyCharm 软件底部会显示 Python 软件包的管理界面。在管理界面窗口的左侧，会显示已安装的软件包和 PyPI 两类，单击其前面的">"按钮可以查看所包含的软件包的列表。单击对应的软件包，则在窗口右侧显示该包的详细信息。

图 6-18　Python 软件包的管理界面

（2）单击搜索框旁边的"设置"按钮 ⚙。

如图 6-19（a）所示，PyCharm 软件会打开 Python 软件包仓库（Python Packages Repositories）的管理界面。

（3）添加国内镜像源。

单击界面中的"＋"，在右侧显示窗口中输入国内镜像源，单击"确定"按钮完成设置。如图 6-19（b）所示。此外，还可以单击减号"–"来删除所添加的国内镜像源。

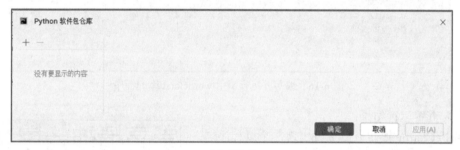

（a）添加前

（b）添加后

图 6-19　添加国内镜像源

2. 在 PyCharm 项目中安装第三方库

在 PyCharm 项目中安装第三方库，可以在编写程序时安装，也通过"Python 软件包的管理界面"来安装。

【例 6-4】　在编写程序时安装 openpyxl 库。

【任务实现】

（1）新建 Python 程序"eg6-4.py"，如图 6-20（a）所示输入程序。由于项目中未安装该库，所以 PyCharm 软件会在程序下面显示红色波浪线，表示代码中有错误。

（2）将鼠标放到红色波浪线上，在鼠标左上角出现 💡 图标，单击该图标会出现选项菜单，如图 6-20（b）所示。

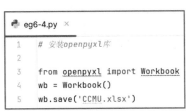

（a）未安装库时的错误提示　　　　　　　　　（b）安装库

图 6-20　在编写程序时安装 statsmodels 库

（3）单击"安装软件包 openpyxl"，PyCharm 会联网安装该库。安装完该库后，库名下方的红色波浪线就会消失。

【例 6-5】　通过"Python 软件包"的管理界面安装 pandas 库。

pandas 库是 Python 数据科学领域中不可或缺的工具，广泛用于数据预处理、数据清洗、数据探索和数据可视化。

【任务实现】

（1）打开项目。

单击"文件"菜单，选择"打开"命令，选择本书第 1.2.4 节中所创建的项目"D:\ MyPython"。也可以新创建一个项目来安装。

（2）查找所要安装的第三方库。

单击 PyCharm 底部左侧的 Python "软件包"按钮 ≋（见图 6-18），显示 Python 软件包的管理界面。在搜索栏中输入"pandas"后，按回车键，PyCharm 软件会在"已安装"、"PyPI"和前面设置的"软件包仓库"中进行查找。

如图 6-21 显示"已安装（找到 0 个）"，说明该项目中没有安装该库，则可以在"PyPI"或"软件包仓库"中进行选择安装。

图 6-21　查找"pandas"库

（3）选择安装 pandas 库

在"PyPI"所查找的结果中，第一项即为本项目所要安装的库，选择该项。单击名字右侧的"安装"，即可开始安装最新版本。

也可以在窗口右侧的"最新"下拉框中选择所需的版本，再单击"安装软件包"开始安装。安装完成后，如图 6-22 所示会显示安装的版本"2.1.3"。

图 6-22　安装 pandas 库

3. 在 PyCharm 项目中管理第三方库

（1）删除已安装的第三方库。

类似例 6-4 中，查找到 pandas 库后，如单击窗口右侧版本号"2.1.3"右侧的 ⋮ 按钮，则会出现"删除软件包"的按钮，可以用来删除该库。

（2）升级第三方库。

【例 6-6】　查看项目已安装的库，并根据需要升级版本。

【任务实现】

（1）打开项目软件包管理界面。

单击 PyCharm 底部左侧的 Python"软件包"按钮 ≋，显示 Python 软件包的管理界面。单击"已安装"左侧的">"按钮，显示全部已安装的第三方库。

（2）选择需要升级的库。

发现"wheel"当前版本为"0.38.4"，且有最新版"0.41.3"，单击该库名称旁边的新旧版本"0.38.4→0.41.3"链接进行升级。如图 6-23（a）所示。

升级完成后如图 6-23（b）所示，显示最新版本为"0.41.3"。

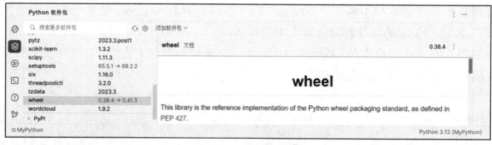

（a）升级前

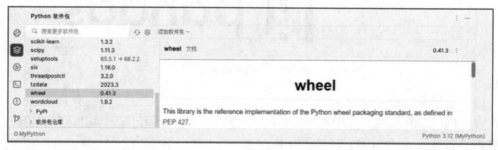

（b）升级后

图 6-23　升级"wheel"库

6.3　Python 医学应用库

Python 的灵活性、易用性和丰富的生态系统使其成为智能医学领域的首选工具之一。通过结合 Python 和相关库不仅可以用于数据处理和分析，还可以用于构建智能化系统等，医学专业人员能够更好地处理医学数据、开发智能化系统、提高临床决策的准确性，以改善医疗保健的效率和质量。

1．临床数据分析

Python 用于处理和分析临床数据，如电子病历、电子健康记录和临床试验数据，以评估治疗效果、预测患者风险和改善临床决策。

相关库：NumPy、Pandas、Scipy、Scikit-learn、StatsModels、PySpark 等。

2．生物信息学

科学家可以使用 Python 来研究基因、蛋白质、DNA 序列和基因表达数据，以了解疾病的遗传基础和生物学机制。

相关库：Biopython、Bioconductor、PyGenomic、scikit-bio、BioPandas、Dash Bio 等。

3．医学图像处理

Python 的图像处理库和深度学习框架（如 TensorFlow 和 PyTorch）使医生能够分析 X 射线、CT 扫描、MRI 等医学图像，以进行疾病诊断、病变检测和治疗规划。

相关库：OpenCV、SimpleITK、Pydicom、Pillow、MedPy、DeepLab、UNet、MedCV、TORCHIO、MITK 等。

4．智能辅助诊断

Python 在医学诊断中的自动化和智能化应用越来越多。通过开发机器学习模型和深度学习算法，可以实现自动化的疾病诊断、医学图像分割和异常检测。

相关库：TensorFlow、PyTorch、Keras、Scikit-image、SimpleITK 等。

5．药物研究

药物研究人员使用 Python 来模拟、分析和优化候选药物分子的结构。计算药物设计和虚拟筛选技术有助于加速新药的发现和开发。

相关库：RDKit、ChemPy、AutoDock、Mol2Vec、DeepChem 等。

6．健康管理

Python 可以分析大规模的健康数据，包括健康监测数据、生活方式数据和流行病学数据，以帮助医疗保健提供者和政策制定者改进健康管理、疾病预防和公共卫生政策。

相关库：Pandas、Matplotlib、Seaborn、Scikit-learn、Prophet 等。

7．医疗设备

Python 在医疗设备和传感器的数据采集、数据处理和实时监控中得到广泛应用。医疗设备制造商使用 Python 来开发设备控制软件和数据分析工具。

相关库：PySerial、PyUSB、PyDAQmx、OpenVINO、Twisted、MQTT 等。

拓展与思考

党的十八大以来，党和国家把维护人民健康摆到了更加突出的位置，召开全国卫生与健康大会，确立新时代卫生与健康工作方针，印发《"健康中国 2030"规划纲要》，发出建设健康中国的号召，明确了建设健康中国的大政方针和行动纲领，人民健康状况和基本医疗卫生服务的公平性可及性持续改善。

本章小结

本章主要介绍了 Python 的两大类库：标准库和第三方库。在标准库中，主要介绍了常用标准库的分类、导入及调用。在第三方库中，主要介绍了多种库的安装方式，如 pip 安装、源码安装、whl 文件安装，以及在 Python 开发工具 PyCharm 中的安装方式。

本章最后介绍了在不同医学应用场景中常用的 Python 第三方库。

第7章

Excel 文件处理

在医学应用中，常用 Excel 文件来存储原始数据或数据分析后的结果或图表，可以利用 Python 程序对 Excel 文件进行自动化处理。对 Excel 文件操作是常用的基本操作之一。

7.1 Excel 文件处理常用库

Python 中操作 Excel 文件常用的库有：xlrd、xlwt、openpyxl、xlsxwriter、pyexcel 和 pandas 等，它们之间的对比如表 7-1 所示。

表 7-1　常用 Excel 文件处理库对比

库名	.xls	.xlsx	读	写	图表	使用场景
xlrd	✓	✓	✓	×	×	简单的 Excel 操作
xlwt	✓	×	×	✓	×	简单的旧版本 Excel 文件操作
openpyxl	×	✓	✓	✓	✓	细致操作 Excel 文件
xlsxwriter	×	✓	×	✓	✓	创建复杂的 Excel 文件
pyexcel	✓	✓	✓	✓	×	简单的 Excel 操作
pandas	✓	✓	✓	✓	✓	数据分析和处理

如果需要进行复杂的数据分析，pandas 是最佳选择；但如果需要对 Excel 文件进行详细的格式操作，那么 openpyxl 库会更适合。

7.2 openpyxl 库

在医学应用中，常用 Excel 文件来存储原始数据或数据分析后的结果或图表。openpyxl 库适合用于需要以编程方式创建、修改或分析复杂 Excel 文件，能够帮助实现大量的、重复的 Excel 操作，提高办公效率，实现 Excel 办公自动化。

7.2.1 openpyxl 库简介

openpyxl 是一个读取和写入 Excel xlsx/xlsm/xltx/xltm 的 Python 第三方库，几乎可以实现所有的 Excel 功能。例如，创建新的工作簿，读取已存在的工作簿，添加工作表，修改单元格数据，对单元格的字体、边框、颜色、对齐等属性进行设置，创建和修改图表，以及向 Excel 文件中添加图像等。此外，openpyxl 库支持在 Python 中直接调用 Excel 公式，这样可以利用 Excel 自身功能来实现办公自动化。

openpyxl 库最新版本为 3.1.2，官网说明文档为"https://openpyxl.readthedocs.io/en/stable/"。

openpyxl 库不是 Python 内置库，而是第三方库，在使用之前需要用"pip install openpyxl"命令安装该库。

7.2.2 工作簿

一个 Excel 工作簿（workbook）由一个或者多个工作表（sheet）组成，一个 sheet 可以看成由多个行（row）组成，也可以看成由多个列（column）组成，而每一行每一列都由多个单元格（cell）组成。Excel 文件的基本元素如图 7-1 所示。

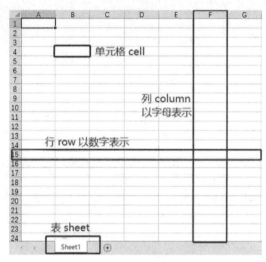

图 7-1　Excel 文件的基本元素

1．工作簿对象

工作簿对应 openpyxl 库中的 WorkBook。在处理工作簿对象时，要先导入该库。

2．创建新工作簿

创建新工作簿的方法如下：

```
from openpyxl import Workbook
wb = Workbook()
```

说明："Workbook()"创建只有一个工作表"Sheet"的工作簿。

3．读取已有工作簿

读取 Excel 文件内容的一般步骤：获取工作簿对象→获取工作表对象→读取对应工作表中内容。

读取已有工作簿的方法如下：

```
from openpyxl import load_workbook
wb = load_workbook("文件路径/文件名.xlsx", data_only=True|False)
```

说明：data_only 为打开文件时的数据显示方式，默认是"False"。如果单元格的数据是由计算表达式或函数实现的，那么 data_only=False 打开文件后读取的是公式本身，而 data_only=True 得到的是公式计算出的实际结果。

4．保存工作簿

保存工作簿的方法如下：

```
wb.save("文件路径/文件名.xlsx")
```

说明：wb.save()是按指定名称保存工作簿，文件名中如包含路径的话，则在指定路径下保存该工作簿。

7.2.3 工作表

在创建或操作工作表时，要先获得工作簿对象，才能进行后续处理。工作表常用的函数或属性如表 7-2 所示。

表 7-2　工作表常用的函数或属性

函数或属性	说　明	举　例
create_sheet(工作表名)	创建新工作表	wb.create_sheet("PYTHON")
wb[工作表名] get_sheet_by_name(工作表名) .worksheets[索引号]	选择特定的工作表 （从 0 开始编号）	ws = wb["PYTHON"] ws = wb.get_sheet_by_name("PYTHON") ws = wb.worksheets[0]
remove(工作表对象)	删除工作表（先获取工作表对象，再删除）	ws = wb["PYTHON"] wb.remove(ws)
merge_cells(区域)	合并单元格	ws.merge_cells('A1:C1')
.active	获取活动工作表	ws = wb.active
.sheetnames	获取所有的工作表名 （结果是一个列表）	wsnames = wb.sheetnames
.title （注意：先要获取工作表对象）	获取某个工作表的名称 指定某个工作表的名称	wt = wb.worksheets[1].title wb.worksheets[1].title = "Sheet1"
.rows	返回工作表所有的行 可用于遍历行	for row in worksheet.rows:
.columns	返回工作表所有的列 可用于遍历列	for column in worksheet.columns:
.max_row	获取工作表的最大行数	ws.max_row
.max_column	获取工作表的最大列数	ws.max_column
.insert_rows(idx, amount=1)	插入行 idx：新行的位置；amount（可选）：要插入的行数，默认为 1	ws.insert_rows(4, amount=2) （在第 4 行插入两行）
insert_cols(idx, amount=1)	插入列 idx：新列的位置；amount（可选）：要插入的列数，默认为 1	ws.insert_cols(3, amount=2) （在第 3 列插入两列）

【**例 7-1**】 批量创建工作表。新建一个工作簿"eg7-1.xlsx"，将"schools.txt"文件中所有的学院各自建一个工作表。

【**任务实现**】

具体程序代码和运行结果如图 7-2 所示。

```python
from openpyxl import Workbook

# 创建工作簿
wb = Workbook()

# 读取 txt 数据文件
with open("files/schools.txt", "r", encoding="utf-8") as file:
    for line in file:  # 逐行读取 txt 文件内容，创建工作表并命名
        ws_name = line.strip()      # 去除行尾的换行符
        ws = wb.create_sheet()      # 创建工作表
        ws.title = ws_name          # 设置工作表的名称

# 删除创建工作簿时所建的工作表"Sheet"
wb.remove(wb.worksheets[0])
# 保存工作簿文件
wb.save("files/output/eg7-1.xlsx")
```

（a）程序代码

| 基础医学院 | 马克思主义学院 | 医学人文学院 | 中医药学院 | 药学院 | 公共卫生学院 | 护理学院 | 生物医学工程学院 | 全科医学与继续教1 ... ⊕ |

（b）运行结果

图 7-2　批量创建工作表

7.2.4　单元格

在操作单元格时，要先获得单元格对象，才能进行后续处理。

单元格常用的函数或属性见表 7-3 所示。

表 7-3　单元格常用的函数或属性

函数或属性	说　　明	举　　例
工作表名[单元格名]	直接使用单元格的名称获取单元格	cell = ws['A1']
工作表名.cell(行号, 列号)	通过指定行号和列号获取单元格（从 1 开始编号）	cell = ws.cell(1, 1)
工作表名[行号]	获取单行的所有单元格	col_cells = ws['A']
工作表名[行号]	获取多行的所有单元格	col_cells = ws['A:C']
工作表名[列号范围]	获取单列的所有单元格	row_cells = ws[5]
工作表名[列号范围]	获取多列的所有单元格	row_cells = ws[1:5]
工作表名[区域]	获取区域内的所有单元格	cells = ws['A1:C5']
单元格.value	读取单元格内容	s = ws['A1'].value
单元格.value =	设置单元格内容（可以直接赋值；可以用 f"表达式/函数"来直接执行表达式或调用 Excel 函数）	ws['A1'].value = "PYTHON" ws['A1'].value =f"A1+A10" ws['A1'].value =f"SUM(A1:A10)"
.row	获取单元格的行号	ws['A1'].row

续表

函数或属性	说　　明	举　　例
.column	获取单元格的列号	ws['A1'].column
.coordinate	获取单元格的坐标（如'A1'）	ws['A1'].coordinate

【例7-2】批量修改单元格数据。打开例 7-1 创建的工作簿"eg7-1.xlsx"，将"teachers.csv"文件中所有的学系逐行填入工作表中，并对人数求和。teachers.csv 数据内容如图 7-3 所示。程序实现效果如图 7-4（b）所示。

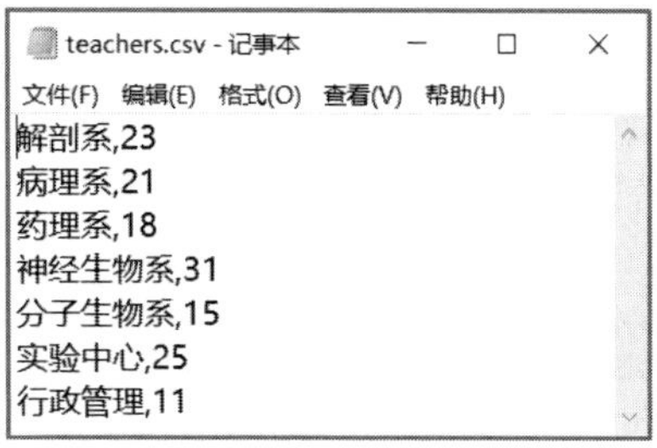

【任务实现】

（1）在 Python 中，读取 CSV 文件是一个常见的任务，可以通过标准库中的 csv 模块来实现。

（2）用 openpyxl 库可以直接引用 Excel 的自带函数来进行运算。

具体程序代码和运行结果如图 7-4 所示。

图 7-3　teachers.csv 文件内容

```
import csv
from openpyxl import load_workbook

# 读取工作簿
wb = load_workbook("files/output/eg7-1.xlsx")
# 读取工作表
ws = wb["基础医学院"]
# 写入标题
ws["A1"] = "学系"
ws["B1"] = "教工人数"
ws["C1"] = "占比（%）"
# 初始行数
i = 2

# 读取 CSV 数据文件
with open("files/teachers.csv", "r") as file:
    # 读取 CSV 文件
    reader = csv.reader(file)
    # 遍历 CSV 文件中的每一行
    for row in reader:
        ws["A" + str(i) ] = row[0]        # 在 A 列单元格逐行写入各学系名称
        ws["B" + str(i)] = int(row[1])   # 在 B 列单元格逐行写入各学系教工人数
        i = i + 1

# 写入合计行:
ws["A9"] = "合计"
ws["B9"] = f"=SUM(B2:B8)"

# 计算比值
for i in range(2,9):
    ws["C" + str(i)] = f"=ROUND(B"+ str(i) + "/B9,4)*100"
# 如: ws["C2"]=f"round(B2/B9,4)*100"

# 保存工作簿文件
wb.save("files/output/eg7-2.xlsx")
```

（a）程序代码

图 7-4　批量修改单元格数据

	A	B	C
1	学系	教工人数	占比（%）
2	解剖系	23	15.97
3	病理系	21	14.58
4	药理系	18	12.5
5	神经生物系	31	21.53
6	分子生物系	15	10.42
7	实验中心	25	17.36
8	行政管理	11	7.64
9	合计	144	
10			

基础医学院　马克思主义

（b）运行结果

图 7-4　（续）

7.2.5　样式设定

openpyxl 库中的 openpyxl.styles 包含用于设置 Excel 单元格样式的多个类和功能。

1．Font

用于设置字体的样式，如字体名称、大小、颜色、加粗、斜体等。设置字体样式的代码示例如下：

```
   from openpyxl.styles import Font
   myfont = Font(name='Calibri', size=12, bold=True, italic=False, color=
'FF0000')
   cell.font = myfont
```

2．Color

定义颜色，用于字体、填充、边框等。

3．Fill

包括 PatternFill（用于设置单元格的背景填充模式和颜色）、GradientFill（用于设置渐变填充）等。

4．Border 和 Side

用于设置单元格的边框样式，包括边框颜色和线型。

5．Alignment

用于设置单元格的对齐方式，如水平对齐和垂直对齐。

6．NumberFormat

用于定义单元格的数字格式，如货币、百分比、日期等。

7．Protection

用于设置单元格的保护属性，如锁定单元格。

这些类可以组合使用，以创建和应用复杂的单元格样式。具体见 openpyxl 库的官方说明文档。

7.2.6　图表操作

openpyxl 库支持多种二维及三维图表类型，每种图表类型都有自己的特定类。openpyxl.chart 支持的图表模块有 AreaChart / AreaChart3D（面积图）、BarChart / BarChart3D

（条形图）、BubbleChart（气泡图）、LineChart / LineChart3D（折线图）、ScatterChart（散点图）、PieChart / PieChart3D / ProjectedPieChart（饼图）、DoughnutChart（环形图）、RadarChart（雷达图）、StockChart（股票图）和 SurfaceChart / SurfaceChart3D（曲面图）。

在设置图表时需要指定图表的数据源，即 openpyxl.chart.Reference。Reference 对象用于创建对工作表中一系列单元格的引用。各图表的创建及设置方法的详细说明见官方文档"https://openpyxl.readthedocs.io/en/stable/charts/introduction.html"。

【**例 7-3**】 创建图表及设定格式。打开例 7-2 所实现的工作簿"eg7-2.xlsx"，绘制二维饼图。程序实现效果如图 7-5（b）所示。

【**任务实现**】 具体程序代码和运行结果如图 7-5 所示。

```python
from openpyxl import load_workbook
from openpyxl.chart import PieChart, Reference
from openpyxl.styles import Font, Alignment
# 读取工作簿，工作表
wb = load_workbook("files/output/eg7-2.xlsx")
ws = wb['基础医学院']
# 设置列宽
ws.column_dimensions['A'].width = 12
ws.column_dimensions['B'].width = 10
ws.column_dimensions['C'].width = 12
# 设置单元格水平对齐
alignment = Alignment(horizontal='center')
ws['A9'].alignment = alignment
ws['B9'].alignment = alignment

# 写入标题，并设置格式
ws['G1'].value = "基础医学院"
font = Font(name='黑体', size=12, bold=True, italic=False, color='FF0000')
ws['G1'].font = font

# 绘制饼图
# (1)创建饼图对象
chart = PieChart()
# (2)设置图表数据
labels = Reference(ws, min_col=1, min_row=2, max_row=8)
data = Reference(ws, min_col=2, min_row=1, max_row=8)
chart.add_data(data, titles_from_data=True)
chart.set_categories(labels)
# (3)设置图表标题
chart.title = "教师人数占比图"
# (4)设置图表的大小
chart.width = 10
chart.height = 6
# (5)将图表添加到工作表
ws.add_chart(chart, "E3")

# 保存工作簿文件
wb.save('files/output/eg7-3.xlsx')
```

（a）程序代码

图 7-5 创建图表及设定格式

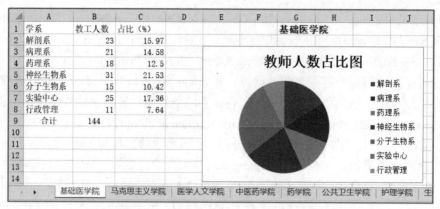

（b）运行结果

图 7-5 （续）

拓展与思考

　　党的十八大以来，习近平主席站在我国和世界发展的历史新方位，坚持把创新作为引领发展的第一动力，把科技创新摆在国家发展全局的核心位置，对科技创新发展进行了顶层设计和系统谋划，提出一系列新理念新思想新战略，部署推进一系列重大科技发展和改革举措。

本章小结

　　本章在介绍了 Python 操作 Excel 文件常用库的对比的基础上，重点介绍了常用库 openpyxl 的基本用法，包括工作簿的创建、打开、读取及保存，工作表的创建、读取及修改，单元格的基础操作（读取、修改、计算等），以及样式设定及图表添加设置操作等。

第8章

数据统计分析

医学数据计算与分析是一门跨学科领域，它结合了医学、生物学、统计学和计算机科学等多个学科的知识和技能，旨在从医学数据中获取洞察、做出决策并推动医学科学的进步。

Python 在数据挖掘应用方面有许多强大的库和工具，本节主要介绍 Numpy 和 Pandas 在医学数据分析中的基本应用，详细的说明和使用可参考官网上的文档说明及参考程序。

8.1 科学计算库 NumPy

NumPy（Numerical Python）是 Python 中用于科学计算和数据分析的核心库之一。它提供了多维数组对象（称为 ndarray）和各种用于数组操作的函数，使在 Python 中进行高性能的数值计算变得更加容易。

NumPy 提供了大量的数学函数，包括基本的数学运算、线性代数、傅立叶变换、统计分析等，使科学计算变得更加方便。机器学习算法通常需要对大量数据进行操作，而 NumPy 的高性能使其成为机器学习框架（如 Scikit-learn、TensorFlow、PyTorch）的基础。

此外，NumPy 还提供了丰富的统计函数，用于描述性统计、假设检验、回归分析等统计学任务。NumPy 是第三方库，需要另外安装，其的官方网址为 "https://numpy.org/"。

在编写程序时，NumPy 导入方法为 import numpy as np。

8.1.1 ndarray 对象

NumPy 最重要的一个特点是其 *N* 维数组对象 ndarray，它是一系列同类型数据的集合，以 0 为开始进行集合中元素的索引。

在 NumPy 中，通常用 axis=0、axis=1 的形式表示轴的编号。数组有几维，数组就有几个轴。如一维数组只有一个轴，二维数组就有两个轴，二维数组的轴就相当于二维数组的行和列，如 axis=0 相当于行，axis=1 相当于列，如图 8-1 所示。

1. 数据类型

NumPy 中的 ndarray 可以包含不同数据类型的元素，如布尔类型、整数类型、浮点数类型、复数类型、日期时间类型、字符串类型、对象类型和空类型。Numpy 常用的基本数据类型如表 8-1 所示。

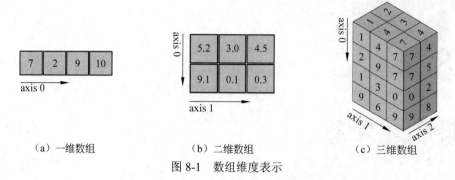

（a）一维数组 （b）二维数组 （c）三维数组

图 8-1　数组维度表示

可以在创建 ndarray 时通过"dtype"参数来指定所需的数据类型,也可以通过".dtype"属性来查看 ndarray 的数据类型。

表 8-1　基本数据类型

类　　型	说　　明
bool_	布尔型（True 或者 False）
int8	字节（−128～127）
int16	整数（−32 768～32 767）
int32	整数（−2 147 483 648～2 147 483 647）
int64	整数（−9 223 372 036 854 775 808～9 223 372 036 854 775 807）
uint8	无符号整数（0～255）
uint16	无符号整数（0～65 535）
uint32	无符号整数（0～4 294 967 295）
uint64	无符号整数（0～18 446 744 073 709 551 615）
float_	浮点数,float64 类型的简写
float16	半精度浮点数,包括 1 个符号位, 5 个指数位, 10 个尾数位
float32	单精度浮点数,包括 1 个符号位, 8 个指数位, 23 个尾数位
float64	双精度浮点数,包括 1 个符号位, 11 个指数位, 52 个尾数位
complex_	复数,complex128 类型的简写,即 128 位复数
complex64	复数,表示双 32 位浮点数（实数部分和虚数部分）
complex128	复数,表示双 64 位浮点数（实数部分和虚数部分）
datetime64	日期时间,例如,2023-01-30T20:01:59,也可以是字符串"NAT"（Not a Time）,可以小写或大写字母的任意组合
string_ 或 str_	定长字符串
unicode_	定长 Unicode 字符串
object	表示 Python 对象,可以是任何类型
void	空类型

2. 常量

NumPy 中包含一些常用的数学和物理常量（见表 8-2）,这些常量可以在数学和科学计算中使用。例如,计算圆的面积、概率密度函数、物理方程等。

表 8-2　常量

属　　性	说　　明	举　　例
numpy.pi	圆周率	np.pi = 3.141592653589793
numpy.e	自然对数的底	np.e = 2.718281828459045
numpy.nan	Not a Number，表示缺失或无效的数值	
numpy.inf	正无穷大，用于表示无限大的数值	
numpy.NINF	负无穷大，用于表示负无限大的数值	
numpy.PZERO	浮点表示正零	np.PZERO = 0.0
numpy.NZERO	浮点表示负零	np.NZERO = -0.0

3. 创建 ndarray

NumPy 创建 ndarray 有 5 种常用方法：通过使用字符串创建数组、从其他 Python 结构（如列表、元组）转换、numpy 原生数组的创建（如 arange、ones、zeros 等）、从文件中读取数组和用特殊库函数（如 random）。

（1）array() 函数。

array()函数的语法格式如下：

```
numpy.array(object, dtype = None, copy = True, order = None, subok = False,
ndmin = 0)
```

说明：

① object：数组或嵌套的数列；

② dtype：数组元素的数据类型，可选；

③ copy：对象是否需要复制，可选；

④ order：创建数组的样式，C 为行方向，F 为列方向，A 为任意方向（默认）；

⑤ subok：默认返回一个与基类类型一致的数组；

⑥ ndmin：指定生成数组的最小维度。

示例：

```
import numpy as np
arr1 = np.array([1, 2, 3, 4, 5])
arr2 = np.array([1, 2, 3, 4, 5], dtype=np.float16)
arr3 = np.array([(1, 2, 3, 4, 5),(11,22,33,44,55)])
arr4 = np.array([1 + 2j, 3 - 4j, 5 + 6j], dtype=np.complex64)
arr5 = np.datetime64('2023-01-30T20:01:59')
```

（2）其他常用函数。除了常用 array() 函数外，Numpy 创建 ndarray 的函数说明及应用如表 8-3 所示。

表 8-3　数组创建函数

函　　数	说　　明	举　　例
arange(start, end, step)	类似内置 range() 函数，它根据指定的起始值、结束值和步长来生成一系列连续的数值	arr6 = np.arange(1, 10) arr7 = np.arange(0, 1, 0.1)
ones、ones_like	创建全 1 数组	arr8 = np.ones((5,2), dtype=np.float16)

续表

函　　数	说　　明	举　　例
zeros、zeros_like	创建全 0 数组	arr9 = np.zeros(5, int)
empty、empty_like	创建新数组，只分配内存空间不填充任何值	arr10 = np.empty((5,2), dtype= np.int64)
eye、identity	创建一个 *n* 阶单位矩阵	arr11 = np.eye(5)
reshape	不改变数据的条件下修改形状形成新的数组	arr12 = arr8.reshape(2,5)

4. ndarray 属性

ndarray 对象常用属性说明及应用如表 8-4 所示。表中举例是以前文中的 arr1～arr12 数据为例。

表 8-4　ndarray 对象常用属性

属　　性	说　　明	举　　例
ndarray.dtype	ndarray 对象的元素类型	arr1.dtype = int32 <class 'numpy.dtypes.Int32DType'>
ndarray.ndim	一维数组为 1，二维数组为 2，以此类推	arr3.ndim = 2
ndarray.shape	数组的维度，对于矩阵，*n* 行 *m* 列	arr3.shape = (2, 5)
ndarray.size	数组元素的总个数，相当于 .shape 中 *n*×*m* 的值	arr3.size = 10
ndarray.real	ndarray 元素的实部	arr4.real = [1. 3. 5.]
ndarray.imag	ndarray 元素的虚部	arr4.imag = [2. -4. 6.]

8.1.2　索引与切片

ndarray 对象的内容可以通过索引或切片来访问和修改。

1. 基本索引与切片

基本索引与切片可以用 Python 中 list 的索引和切片操作方式进行，如图 8-2 所示。同 list 一样，索引号从 0 开始，具体可参考第 2 章。

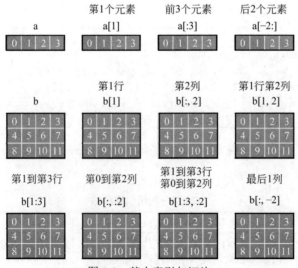

图 8-2　基本索引与切片

2. 花式索引与切片

NumPy 比一般的 Python 序列提供了更多的索引方式。除了基本索引与切片外，数组可以由整数数组索引及布尔索引。

（1）整数数组索引。

整数数组索引是指使用一个数组来访问另一个数组的元素。这个数组中的每个元素都是目标数组中某个维度上的索引值，如图 8-3 所示。

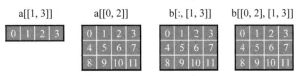

图 8-3　整数数组索引

以下示例可以获取数组中 (0,0)，(1,1) 和 (2,0) 位置处的元素构成的一维数组。

```
import numpy as np
arr = np.array( [ [1, 2], [3, 4], [5, 6] ] )
e = arr[ [0,1,2], [0,1,0] ]
print (e)
```

（2）布尔索引。

布尔索引通过提供一个布尔数组来提取元素，通常会结合>、<、==等运算符计算出布尔数组，然后根据布尔数组提取元素，如图 8-4 所示。

图 8-4　布尔索引

以下示例可以获取数组中大于 3 的元素构成的一维数组。

```
import numpy as np
arr = np.array([(1, 2, 3, 4, 5),(11,22,33,44,55)])
e = arr[arr > 3]
print (e)
```

8.1.3 文件读写

Numpy 可以读写磁盘上的文本数据或二进制数据。

（1）load() 和 save()：默认情况下，数组是以未压缩的原始二进制格式保存在扩展名为".npy"的文件中。npy 文件用于存储重建 ndarray 所需的数据、图形、dtype 和其他信息。

（2）loadtxt() 和 savetxt()：读取和保存数值数据的文本文件。

（3）genfromtxt()：用于读取以文本形式存储的表格数据，如 CSV 文件。它可以自动处理各种数据类型和缺失值，并将数据加载到 NumPy 数组中。

文件读写的语法格式如下：

```
genfromtxt (fname, dtype, delimiter=',', skip_header=1, filling_values=
np.nan, skip_footer=1)
```

说明：

① fname：文件名；

② dtype：指定数据类型，默认系统根据数据自动推断；

③ delimiter=','：数据之间的分隔符（CSV 文件常用逗号），默认是空格；

④ skip_header：要跳过的行数，通常用于跳过标题行，默认是 0；

⑤ filling_values：用指定值填充缺失值，默认是 np.nan；

⑥ skip_footer：跳过文件末尾的行数。

8.1.4 常用函数

目前在 Numpy 中定义了一种或多种数据类型的 60 多种函数，涵盖了各种各样的操作。数学运算的函数有三角函数、算术运算函数、复数处理函数等。数组操作函数有修改数组形状、数组转置、数组连接与分割，以及数组元素添加与删除等。

在医学应用中常用的统计分析方法如表 8-5 所示。

表 8-5 常用的统计分析方法

方 法	说 明	方 法	说 明
min()	数组的最小值	std()	数组的标准差
max()	数组的最大值	var()	数组的方差
mean()	数组的平均值	cov()	数组的协方差矩阵
median()	数组的中位数	corrcoef()	数组的相关系数
percentile()	数组的百分位数	histogram()	数组的直方图
sum()	数组元素的总和	cumsum()	数组元素的累积和
prod()	数组元素的乘积	cumprod()	数组元素的累积乘积

【例 8-1】 读取例 5-11 程序所生成的保存在"output"文件夹下"eg5-11.csv"文件，统计不同性别的每日能量消耗的基本统计指标（均值、中位数、标准差、最小值、最大值），保留两位小数。

【任务实现】

具体程序代码和运行结果如图 8-5 所示。

```
import numpy as np

# 读取文件数据，跳过标题行
data = np.genfromtxt("files/output/eg5-11.csv", delimiter=',', skip_header=1)

# 根据第二列的性别数据分成男性和女性两组
male_data = data[data[:, 1] == 1]      # 筛选性别为男的行
female_data = data[data[:, 1] == 0]   # 筛选性别为女的行
```

（a）程序代码

图 8-5 统计不同性别的每日能量消耗的基本统计指标

```
# 提取"每日能量消耗"的数据
column_data_male = male_data[:, 7]
column_data_female = female_data[:, 7]
# 计算男性的基本统计指标
mean_male = np.mean(column_data_male)
std_deviation_male = np.std(column_data_male)
median_male = np.median(column_data_male)
min_value_male = np.min(column_data_male)
max_value_male = np.max(column_data_male)

# 计算女性的基本统计指标
mean_female = np.mean(column_data_female)
std_deviation_female = np.std(column_data_female)
median_female = np.median(column_data_female)
min_value_female = np.min(column_data_female)
max_value_female = np.max(column_data_female)

# 输出统计结果，用格式化输出保留 2 位小数并对齐
print("不同性别的每日能量消耗统计数据")
print(f'{"指标":^4}{"男性":^10}{"女性":^8}')
print(f"均　值：{mean_male:^10.2f}{mean_female:.2f}")
print(f"标准差：{std_deviation_male:^10.2f}{std_deviation_female:.2f}")
print(f"中位数：{median_male:^10.2f}{median_female:.2f}")
print(f"最小值：{min_value_male:^10.2f}{min_value_female:.2f}")
print(f"最大值：{max_value_male:^10.2f}{max_value_female:.2f}")
```

（a）程序代码

```
不同性别的每日能量消耗统计数据
 指标     男性      女性
均  值： 3103.82  1658.46
标准差：  306.32   177.51
中位数： 3236.53  1658.46
最小值： 2680.34  1480.95
最大值： 3394.59  1835.97
```

（b）运行结果

图 8-5　（续）

8.2　数据分析库 Pandas

Pandas 是一个基于 NumPy 的分析结构化数据的 Python 第三方库，NumPy 为其提供了高性能的数据处理能力。Pandas 名字来源于"panel data"（面板数据）和"Python data analysis"（Python 数据分析）。它可以从各种文件格式（如 CSV、Excel、JSON 和 SQL 等）导入数据；也可以对各种数据进行运算操作（如归并、再成形、选择），同时也提供数据清洗、数据 I/O、数据可视化等辅助功能。

Pandas 文档官方地址是"https://pandas.pydata.org/docs/getting_started/comparison/index.html"。

Pandas 是 Python 的第三方库，使用前需另外安装。在编写程序时，Pandas 引用方式为 import pandas as pd。

8.2.1 数据结构

Pandas 有两种自己独有的基本数据结构：Series（一维数组）和 DataFrame（二维数组）。在 Pandas 中，可以使用 numpy.nan 或用字符串"NaN"表示缺失值。

1. Series

Series 是一种类似于一维数组的对象，由一组数据（各种 NumPy 数据类型）以及一组与之对应的索引（数据标签）组成。

Series 创建的基本操作如表 8-6 所示，Series 数据的相关操作如表 8-7 所示。

表 8-6　Series 常用的创建操作

操 　 作	说 　 明	举 　 例
通过 list 构建	（1）自动生成索引，从 0 开始编号； （2）自定义索引	pd.Series(range(10)); pd.Series(range(3), index = ['a', 'b', 'c'])
通过 dict 构建	dict 的 key 为索引，value 为元素	pd.Series(dict)

表 8-7　Series 数据的相关操作

操 　 作	说 　 明	举 　 例
获取前 n 行数据	获取前 3 行，默认获取前 5 行	series.head(3)
获取后 n 行数据	获取后 3 行，默认获取后 5 行	series.tail(3)
获取索引 index	获取所有索引值（Index(['a', 'b', 'c'], dtype='object')）	series.index
获取数据值 values	获取所有数据值（<class 'numpy.ndarray'>）	series.values
利用索引取值	取索引序号为 0 的数据 取索引序名为"b"的数据	series[0] series['b']
利用索引切片 （返回 Series 数据）	按索引序号切片时，不包含终止索引序号的数据 按索引名切片时，包含终止索引的	series[2:4] series['b':'d']
不连续索引（返回 Series 数据）	注意是双层中括号	series[[0,2,4]] series[['a','c']]

Python List、Numpy 的 ndarray 和 Pandas 的 Series 三者之间的相互转换方式如图 8-6 所示。

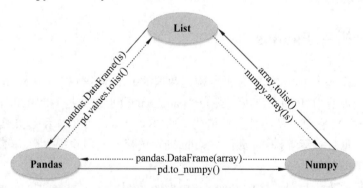

图 8-6　List、ndarray 和 Series 三者之间的相互转换

2. DataFrame

DataFrame（数据框）是一个表格型的数据结构（见图 8-7），DataFrame 可以看成多个

Series（共用同一个索引）的集合，每个 Series 都可以拥有各自独立的数据类型。DataFrame 既有行索引也有列索引，数据是以二维结构存放的。

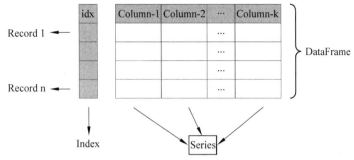

图 8-7　DataFrame 数据结构

8.2.2　构建 DataFrame

构建 DataFrame 的语法格式如下：

```
pandas.DataFrame( data, index, columns, dtype, copy)
```

说明：

① data：数据源，可以是 ndarray、series、map、lists、dict 等类型。

② index：指定行标签（索引），可以是列表、NumPy 数组等，长度必须与数据的行数一致。默认为整数索引（0, 1, 2, …）。

③ columns：指定列标签（列名），可以是列表、NumPy 数组等，长度必须与数据的列数一致。默认使用整数列名（0, 1, 2, …）。

④ dtype：数据类型，可以是 Python 数据类型或 Pandas 数据类型。若省略，则系统自动推断数据类型。

⑤ copy：复制数据，默认为 False。

例如，创建空 DataFrame：

```
df = pd.DataFrame()
```

（1）从列表创建 DataFrame 的方法如表 8-8 所示。

表 8-8　从列表创建 DataFrame

举　　例	说　　明	结　　果
data = ['CCMU', 'PKU', 'THU'] df = pd.DataFrame(data)	构建一维数组	``` 0 0 CCMU 1 PKU 2 THU ```
data = ['CCMU', 'PKU', 'THU'] df = pd.DataFrame(data, columns=['Name'])	指定列名为"Name"	``` Name 0 CCMU 1 PKU 2 THU ```

续表

举　例	说　明	结　果
data = [['CCMU', 1960], ['PKU', 1898], ['THU', 1911]] df = pd.DataFrame(data, columns=['Name', 'Year'])	构建二维数组	<pre> Name Year 0 CCMU 1960 1 PKU 1898 2 THU 1911</pre>

（2）从字典创建 DataFrame 的方法如表 8-9 所示。

表 8-9　从字典创建 DataFrame

举　例	说　明	结　果
data = {'Name': ['CCMU', 'PKU', 'THU'], 　　　　'Year': [1960, 1898, 1911]} df1 = pd.DataFrame(data)	字典的键是列名，字典的值是列数据	<pre> Name Year 0 CCMU 1960 1 PKU 1898 2 THU 1911</pre>
data = {'Name': ['CCMU', 'PKU', 'THU'], 　　　　'Year': [1960, 1898, 1911]} df2 = pd.DataFrame(data, index=['A','B','C'])	指定索引名称（行号）	<pre> Name Year A CCMU 1960 B PKU 1898 C THU 1911</pre>

8.2.3　索引与切片

在 Pandas 中，有几个特殊的方法用来访问 DataFrame 中的数据。Pandas 常用的索引与切片方法说明及应用如表 8-10 所示（DataFrame 数据以表 8-9 中的 df2 为例）。

（1）loc(,)：基于标签进行定位的方法，使用行标签和列标签来选择数据。

语法格式如下：

```
DataFrame.loc[row_label, column_label]
```

（2）iloc(,)：基于整数位置进行定位的方法，使用整数行索引和整数列索引来选择数据，从 0 开始编号。

语法格式如下：

```
DataFrame.iloc[row_index, column_index]
```

（3）at[,]：基于标签进行定位的方法，用于通过行和列的标签来快速访问单个元素。

语法格式如下：

```
DataFrame.at[row_label, column_label]
```

（4）iat[,]：基于整数位置进行定位的方法，用于通过行和列的整数位置来快速访问单个元素。

语法格式如下：

```
DataFrame.iat[row_index, column_index]
```

表 8-10　常用的索引与切片方法

目标	方法	说明	举例	运行结果

取某列	df.列名
	df['列名']
	df.loc[:, '列名']
	df.iloc[:, 列索引号]
		返回的是 Series 类型数据	取第 2 列数据:
			ds = df.Year
			ds = df['Year']
			ds = df.loc[:,'Year']
			ds = df.iloc[:,0]
				`A  1960`
				`B  1898`
				`C  1911`
				`Name: Year, dtype: int64`

取多列	df[['列名 1', …, '列名 n']]
	df.loc[:, ['列名 1', …, '列名 n']]
	df.iloc[:, [列索引号 1, …, 列索引号 n]]
		返回 DataFrame 类型数据。注意:两个方括号	取第 1, 2 列数据:
			df1 = df[['Name','Year']]
			df1=df.loc[:,['Name', 'Year']]
			df1 = df.iloc[:,[0,1]]
				`   Name  Year`
				`A  CCMU  1960`
				`B  PKU   1898`
				`C  THU   1911`

取某行	df.loc[:, '行名']
	df.iloc[:, 行索引号]
		返回的是 Series 类型数据	取第 2 行数据:
			ds = df.loc["B"]
			ds = df.iloc[1]
				`Name  PKU`
				`Year  1898`
				`Name: B, dtype: object`

取多行	df.loc[['行名 1', …, '行名 n']]
	df.iloc[[行索引号 1, …, 行索引号 n]]
		返回 DataFrame 类型数据	取第 1, 3 行数据:
			df2 = df.loc[["A","C"]]
			df2 = df.iloc[[0,2]]
				`   Name  Year`
				`A  CCMU  1960`
				`C  THU   1911`

取某个位置的数据	df.loc ['行名', '列名'] df.iloc[行索引号, 列索引号] df.at['行名', '列名'] df.iat[行索引号, 列索引号]	返回位置的数据	取第 1 行第 2 列数据: v= df.loc["A", "Year"] v = df.iloc[0, 1] v = df.at["A", "Year"] v = df.iat[0, 1]	1960

取某几个数(切片)	df.loc['行名 1': '行名 2', '列名 1': '列名 2']
	df.iloc[行索引号范围, 列索引号范围]
		值、Series 或 DataFrame	取第 2 行第 1 列到第 3 行第 1 列数据:
			df3 = df.loc["B":"C", "Name"]
			df3 = df.iloc[1:3,0]
				`B  PKU`
				`C  THU`
				`Name: Name, dtype: object`

按条件选择数据	df[df['列名'] > 某值]	返回 DataFrame 类型数据	大于 1900 年的数据:
			df4 = df[df['Year'] > 1900]
				`   Name  Year`
				`A  CCMU  1960`
				`C  THU   1911`

8.2.4　文件读写

Pandas 不仅支持了非常多的文件类型,而且操作简单,极大地简化了文件读写操作。Pandas 常用的文件读写方法如表 8-11 所示。

表 8-11　Pandas 常用的文件读写方法

文件类型	读	写
CSV 文件	pd.read_csv(filename)	df.to_csv(filename, index=False)
Excel 文件	pd.read_excel(filename)	df.to_excel(filename, index=False)
JSON 文件	pd.read_json(json_string)	df.to_json(filename, lines=True)
HTML 文件	pd.read_html(url)	df.to_html('data.html', index=False)

8.2.5　常用函数

Pandas 中有很多函数，涵盖了数据的读取、浏览、筛选、排序、处理、统计、可视化和导出等多个方面。

1. 数据清洗

数据清洗是数据分析过程中不可或缺的一部分，它有助于确保数据质量、减少噪音、提高数据一致性，并为分析提供可靠的基础。Pandas 常用的数据清洗函数如表 8-12 所示。

表 8-12　常用的数据清洗函数

函　数	说　明	函　数	说　明
duplicated()	判断序列元素是否重复	isnull()	判断序列元素是否为缺失
drop_duplicates()	删除重复值	notnull()	判断序列元素是否不为缺失
unique()	元素去重	dropna()	删除缺失值
hasnans()	判断序列是否存在缺失	fillna()	缺失值填充
ffill()	前向后填充缺失值（使用缺失值的前一个元素填充）	bfill()	后向填充缺失值（使用缺失值的后一个元素填充）

2. 数据查看

数据查看在数据分析中扮演着至关重要的角色，它是数据分析工作的起点，可以帮助分析人员建立对数据的基本认识、发现问题、确定分析方向和支持决策制定。Pandas 常用的数据查看函数如表 8-13 所示。

表 8-13　常用的数据查看函数

函　数	说　明	函　数	说　明
dtypes()	检查数据类型	sample(n)	随机选择 n 行数据
head(n)	显示数据的前几行	.shape	显示数据的行数和列数
tail(n)	显示数据的后几行	.columns	获取列名
info()	显示数据的基本信息	.index	获取行索引

3. 数据操作

Pandas 常用的数据操作函数如表 8-14 所示。

表 8-14　常用的数据操作函数

函　数	说　明	函　数	说　明
append()	序列元素的追加	to_dict()	转为字典
drop()	删除行或列	tolist()	转为列表
replace()	数据替换	astype()	强制类型转换
rename()	重命名列名	isin()	成员关系判断
merge()	合并数据	pivot_table()	创建数据透视表
concat()	连接数据	crosstab()	创建列联表

4. 数据排序
Pandas 常用的数据排序函数如表 8-15 所示。

表 8-15　常用的数据排序函数

函　　数	说　　明
sort_index()	按索引排序
sort_values()	根据列值排序
groupby('列名')	按列分组数据

5. 数据统计分析
数据统计分析是数据分析过程中的核心部分，它通过提供摘要信息、发现模式、验证假设、支持决策和解释数据，可以更好地理解数据背后的含义和趋势。Pandas 常用的数据统计分析函数如表 8-16 所示。

表 8-16　常用的数据统计分析函数

函　　数	说　　明	函　　数	说　　明
describe()	显示数据的基本统计信息，如均值、方差、最大值、最小值等	quantile()	计算任意分位数
count()	计算每列非缺失值的数量	value_counts()	频次统计
mean()	计算每列的均值	std()	计算每列的标准差
median()	计算每列的中位数	corr()	计算相关系数
mode()	计算每列的众数	cov()	计算协方差
sum()	计算每列的总和	skew()	计算偏度
max() / min()	计算每列的最大值 / 最小值	kurt()	计算峰度

6. 数据可视化
数据可视化提供了一种更加直观和有效的方式来处理和理解数据，提高了数据分析的效率和效果。Pandas 提供了一些基本的数据可视化功能，虽然不如专门的数据可视化库（如 Matplotlib、Seaborn、Plotly 等）强大和灵活，但对于快速浏览和简单可视化数据仍然非常有用。Pandas 绘图的使用方法见 9.2 节。

8.3　数据分析应用

利用 Python 内置的标准库或第三方库可以十分便捷地进行常见统计学描述、统计学分析和绘图。Pandas 通常和 SciPy、statsmodels 等库来合作实现各种数据统计分析。

SciPy（Scientific Python）库是一个用于科学和工程计算的 Python 第三方库。它建立在 NumPy 之上，提供了更多高级的数学、科学和工程计算功能。SciPy 中的 stats 模块在数据科学、统计分析、科学研究等领域都非常有用，它为数据分析提供了丰富的工具和功能，可以用于执行各种统计任务和假设检验。SciPy 详细说明可查看官方文档"https://docs. scipy.org/doc/scipy/"。

8.3.1 基本数据描述

基本数据描述提供了数据的关键摘要信息，如均值、中位数、标准差和极值等。这些摘要信息可以帮助分析人员更好地理解数据的中心趋势和离散程度。

基本数据描述在统计分析中具有重要的意义，它是数据分析的第一步，有助于建立对数据的基本了解、发现问题、准备数据可视化和做出决策。它提供了数据分析的基础，为后续的数据挖掘、模型建立和推断性分析奠定了基础。

【例 8-2】 计算数据文件中身高的中位数、方差和四分位数间距。

【任务实现】

（1）打开"files"文件夹中的数据文件"shw.csv"，查看数据（性别、身高、体重）特点。

（2）新建 Python 程序文件"eg8-2.py"，编写程序。

（3）运行并查看结果。具体程序代码和运行结果如图 8-8 所示。

```
import pandas as pd
# 读入数据文件
mydata = pd.read_csv("files/shw.csv")
# 描述性统计
df = mydata.describe()
print("descriptive statistics:\n",df,"\n")

# 中位数 median、方差 variance 和四分位数间距 IQR
md = mydata.height.median()
var = round(mydata.height.var(),2)
IQR = mydata.height.quantile(0.75) - mydata.height.quantile(0.25)
print(f"height median={md}, variance={var}, IQR={IQR}")
```

（a）程序代码

```
descriptive statistics:
            height      weight
count    10.000000   10.000000
mean    166.000000   67.200000
std       6.200358    5.750362
min     154.000000   55.000000
25%     162.500000   63.750000
50%     166.000000   68.000000
75%     169.750000   71.000000
max     175.000000   74.000000

height median=166.0, variance=38.44, IQR=7.25
```

（b）运行结果

图 8-8　计算身高的中位数、方差和四分位数间距

8.3.2 计量数据的统计学检验

计量数据的统计学检验是一种用于评估不同组之间或变量之间是否存在显著差异的方法。检验的主要目的是确定观察到的差异是否足够显著，以便从中得出一些有意义的结论。

1. 配对 T 检验

T 检验是一种常用的统计方法，用于比较两组样本均值之间的差异。配对 T 检验（Paired T-test），也称为相关 T 检验（Dependent T-test），是 T 检验的一种，用于比较两组相关的配对样本之间的均值差异。

【例 8-3】 随机产生两组数据，假设是配对设计，比较两组是否有统计学差异。

【任务实现】

具体程序代码和运行结果如图 8-9 所示。结果显示 $P=0.97 > 0.05$，两组无统计学差异。

```
import numpy as np
from scipy.stats import ttest_rel

# 产生 10 个[0,10]上的随机数
mydata1 = np.random.randn(10) * 2
mydata2 = np.random.randn(10) * 5
print(f"mydata1={mydata1}")
print(f"mydata2={mydata2}")

# 进行配对 T 检验
relResult = ttest_rel(mydata1,mydata2)
print(relResult)
```

（a）程序代码

```
mydata1=[ 1.7810453   2.25073157 -3.25873309  2.70612716  0.64487021 -1.89726919
 -0.25316887  2.89653959 -3.85725549 -1.58078944]
mydata2=[ 0.74344759  2.13836262 -0.26683981 -0.45189483 -0.98144969  3.4469995
  0.2703297  -5.00959833 -4.84737748  3.93118251]
TtestResult(statistic=0.03611417220752527, pvalue=0.9719796484334466, df=9)
```

（b）运行结果

图 8-9　配对 T 检验

2. 独立样本 T 检验

独立样本 T 检验常用于比较两个独立样本的均值是否存在显著差异。在进行独立样本 T 检验之前，一个重要的前提检验是检查方差齐性（Homogeneity of Variance）。

通常使用 Levene 检验来测试方差是否一致。如 Levene 检验的 P 值小于显著性水平（通常是 0.05），则表明方差不齐性；否则表明方差齐性。

【例 8-4】　检验男女两组的身高数据是否有统计学差异。

【任务实现】

（1）进行方差齐性检验（P=0.814），表明两组具有方差齐性。

（2）进行独立 T 检验，结果（P=0.004）显示两组有统计学差异。具体程序代码和运行结果如图 8-10 所示。

```
import pandas as pd
from scipy.stats import ttest_ind, levene

# 读入数据文件，分别获取男女两组的身高数据
mydata = pd.read_csv("files/shw.csv")
d1 = mydata[mydata['gender']==1]['height']
d2 = mydata[mydata['gender']==2]['height']
# 检验两组是否为方差齐性
hv = levene(d1, d2)
# 独立 T 检验
if (hv[1]>0.05):
    ttest = ttest_ind(d1, d2, equal_var=True)   # 方差齐性
else:
    ttest = ttest_ind(d1, d2, equal_var=False)  # 方差不齐性
# 输出结果
print(ttest)
```

（a）程序代码

图 8-10　独立 T 检验

```
LeveneResult(statistic=0.05925925925925923, pvalue=0.8137965878132972)
TtestResult(statistic=3.9930735878769843, pvalue=0.0039881545042556345, df=8.0)
```

（b）运行结果

图 8-10 （续）

8.3.3 计数数据的统计学检验

计数数据的统计学检验主要有卡方检验、Fisher 精确检验、McNemar 检验和 Cochran's Q 检验等。

1. 卡方检验

卡方检验（Chi-Square Test）是一种用于检验两个或多个分类变量之间是否存在关联性的统计检验方法。

【例 8-5】 用卡方检验来确定吸烟习惯与患病情况之间是否存在关联性。

【任务实现】

（1）用 Pandas 中的 crosstab() 函数构建吸烟习惯与患病情况之间列联表。

（2）用 scipy.stats 中的 chi2_contingency() 函数执行卡方检验。

具体程序代码和运行结果如图 8-11 所示，结果显示吸烟与患病无关联性（P=0.147）。

```python
import pandas as pd
from scipy.stats import chi2_contingency

# 数据
data = { '吸烟习惯': ['吸烟', '不吸烟', '吸烟', '吸烟', '不吸烟', '不吸烟', '吸烟', '不吸烟',
'吸烟', '吸烟'],
        '患病情况': ['患病', '未患病', '未患病', '患病', '未患病', '未患病', '患病', '未患病',
'未患病', '患病'] }
df = pd.DataFrame(data)

# 构建列联表
contingency_table = pd.crosstab(df['吸烟习惯'], df['患病情况'])
# 显示列联表
print("列联表: ")
print(contingency_table)
# 执行卡方检验
chi2, p, dof, expected = chi2_contingency(contingency_table)
# 显示结果
print("卡方统计量:", chi2)
print("p 值:", p)
# 假设检验
if p < 0.05:
    print("卡方检验结果: 吸烟习惯与患病存在关联性。")
else:
    print("卡方检验结果: 吸烟习惯与患病无关联性。")
```

（a）程序代码

```
列联表:

患病情况    患病   未患病
吸烟习惯

不吸烟      0      4

吸烟        4      2

卡方统计量: 2.100694444444445
p值: 0.14723225536366139
卡方检验结果: 吸烟习惯与患病无关联性。
```

（b）运行结果

图 8-11 卡方检验

2. Fisher's 精确检验

Fisher's 精确检验（Fisher's Exact Test）是一种用于检验两个分类变量之间是否存在关联性的统计检验方法，特别适用于小样本数据或稀疏数据的情况。

【例 8-6】 有两种治疗方法的数据（treatment.csv，见图 8-12），用 Fisher's 精确检验方法来检验治疗方法是否与疗效之间存在关联性。

	A	B
1	治疗方法	疗效
2	A	好
3	B	差
4	A	好
5	B	好
6	A	好
7	B	好
8	A	差
9	B	差

图 8-12　疗效数据

【任务实现】

（1）用 Pandas 中的 crosstab() 函数构建治疗方法与疗效之间列联表。

（2）用 scipy.stats 中的 fisher_exact() 函数执行 Fisher's 精确检验。

具体程序代码和运行结果如图 8-13 所示，结果显示治疗方法与疗效无关联性（P=1.0）。

```
import pandas as pd
from scipy.stats import fisher_exact

# 读取文件数据
df = pd.read_csv("files/treatment.csv", encoding='gb2312')
print(df)

# 创建列联表
contingency_table = pd.crosstab(df['治疗方法'], df['疗效'])

# 执行 Fisher's 精确检验
odds_ratio, p = fisher_exact(contingency_table)
print("Fisher's 精确检验的 p 值:", p)

# 假设检验
if p < 0.05:
    print("检验结果：治疗方法与疗效存在关联性。")
else:
    print("检验结果：治疗方法与疗效无关联性。")
```

（a）程序代码

```
  治疗方法 疗效
0     A   好
1     B   差
2     A   好
3     B   好
4     A   好
5     B   好
6     A   差
7     B   差
Fisher's 精确检验的p值: 1.0
检验结果：治疗方法与疗效无关联性。
```

（b）运行结果

图 8-13　Fisher's 精确检验

拓展与思考

2023 年 10 月 25 日，国家数据局正式挂牌。国家数据局负责协调推进数据基础制度建设，统筹数据资源整合共享和开发利用，统筹推进数字中国、数字经济、数字社会规划和建设等。

数字经济具有高创新性、强渗透性、广覆盖性，不仅是新的经济增长点，而且是改造提升传统产业的支点，可以成为构建现代化经济体系的重要引擎。党的十八大以来，党中央高度重视发展数字经济，将其上升为国家战略。

国家数据局的成立，将有利于强化数据要素制度供给，构建数据流通体系，激活数据生产力，对于构建新发展格局、建设现代化经济体系、构筑国家竞争新优势具有重大意义。

本章小结

本章在介绍数据统计分析中常用的 Numpy 和 Pandas 库的基本使用方法的基础上，通过实例介绍了常用的基本数据方法。

在 Numpy 和 Pandas 库部分，介绍了它们的基本数据类型、数据的索引与切片、文件读写及常用的函数。在数据分析基础部分，通过实例介绍了 Numpy 和 Pandas 在基本数据描述、计量数据的统计学检验和计数数据的统计学检验的基本应用。

第9章

数据可视化

数据可视化（Data Visualization）是将数据以图形、图表、图像等一种更直观的方式展现和呈现数据，方便更好地理解数据、发现某种规律和特征。

9.1 数据可视化基础

9.1.1 数据可视化图形

1. 可视化图形选择

在数据可视化过程中，数据可视化目标可以抽象为四大类。

（1）比较：比较不同元素之间或不同时刻之间的值；

（2）分布：查看数据分布特征，是数据可视化最为常用的场景之一；

（3）联系：查看变量之间的相关性，常用于判断多个因素之间的影响关系；

（4）趋势：查看数据如何随着时间变化而变化。

对应不一样的关系，可以选择相应的图形进行展示，如图 9-1 所示。

图 9-1 可视化图表类型选择

在确定好图表类型后,通常会根据应用需要修改图形中的颜色(color)、线型(linestyle)、标记(maker)、标题(title)、轴标签(xlabel,ylabel)、轴刻度(set_xticks)和图例(legend)等,让图形更加清晰直观。

2. 常用可视化图形

(1)基本图。

① 柱状图(Bar Chart):用于比较不同类别的数据。

② 折线图(Line Chart):用于显示随时间变化的趋势或连续变量的趋势。

③ 散点图(Scatter Plot):用于显示两个变量之间的关系。

(2)分布图。

① 直方图(Histogram):用于显示数据的分布情况。

② 箱线图(Box Plot):用于显示数据的中位数、四分位数和异常值。

③ 密度图(Density Plot):用于显示数据分布的连续估计。

(3)饼图和环形图。

① 饼图(Pie Chart):用于表示各部分占整体的比例。

② 环形图(Donut Chart):类似于饼图,但具有中空的圆环。

(4)时间序列图。

① 时间线图(Timeline Chart):显示事件随时间的发展。

② 日历热图(Calendar Heatmap):用于可视化时间序列数据的模式。

(5)网络图

① 关系图(Network Graph):用于显示节点和边的关系。

② 树状图(Tree Diagram):用于表示层次结构数据。

(6)地图和地理信息图。

① 地图(Map):用于显示地理空间数据。

② 热力图(Heatmap):用于显示区域内的数据密度或强度分布。

③ 散点地图(Scatter Map):将散点图与地理坐标结合起来。

(7)动态和交互式图表。

① 动态图表(Animated Chart):用于展示数据随时间的变化。

② 交互式图表(Interactive Chart):允许用户与图表进行互动和探索数据。

(8)其他图形。

① 生物信息学图表:包括气泡图、曲线图等,用于分析生物数据。

② 金融图表:包括 K 线图、股票图等,用于展示金融市场数据。

③ 医学图表:包括医学影像、病例流程图等,用于医学领域的数据可视化。

④ 文本图表:用于显示文本或标签数据中的关键词的频率。

9.1.2　常用可视化库

Python 中有众多用于数据可视化的库,常见的有 Pandas Plot、Matplotlib、Seaborn、Plotly、Bokeh 和 Pyecharts 等。

1．Pandas Plot

Pandas Plot 是 Pandas 库的内置绘图方法，可以直接应用于 DataFrame 和 Series 对象。简单易用，适用于基本的数据探索和快速可视化需求。

2．Matplotlib

Matplotlib 是 Python 最常用的数据可视化库之一，它支持各种图表类型，包括折线图、散点图、柱状图、饼图、热力图、3D 图表等。具有高度的定制性，用户可以精确控制图表的各个方面，如线条颜色、标签、标题、坐标轴、图例等。

此外，Matplotlib 官方网站提供了详细的使用说明和示例代码，帮助用户快速入门。

3．Seaborn

Seaborn 是一个基于 Matplotlib 的高级数据可视化库，提供了一种更加简单和方便的方式来生成各种类型的统计图形。Seaborn 与 Pandas 数据结构紧密集成，可以直接应用于 Pandas 的 DataFrame，无须额外的数据转换。

4．Plotly

Plotly 在支持传统的图表，包括折线图、散点图、柱状图、热力图、3D 图表、地图可视化等的基础上，还提供了创建交互式图表的能力，用户可以通过鼠标悬停、缩放、平移等方式与图表进行互动，适用于需要高度交互性和在线展示的场景。

5．Bokeh

Bokeh 是一个用于创建交互式和可视化丰富的 Web 应用程序的 Python 库。Bokeh 支持数据绑定，用户可以将数据与图表元素关联，实现数据动态可视化。

6．Pyecharts

Pyecharts 是一个基于百度 Echarts JavaScript 的 Python 库，用于创建交互式可视化图，并支持在 Web 应用程序中展示和共享这些图表。

百度 Echarts 是一个流行的开源数据可视化库，用于创建各种类型的图表和数据可视化。Pyecharts 将百度 Echarts 的功能封装成了 Python 库，使 Python 用户可以更轻松地使用 Echarts 的功能，而不需要直接操作 JavaScript。

9.2　数据可视化技术

在 Python 中有多个用于数据可视化的第三方库，本节主要介绍 Pandas Plot 和 Matplotlib 在医学应用中的数据可视化的基本实现方法，详细的说明和使用可参考官网上的文档说明及参考程序。

9.2.1　Pandas Plot

Pandas 中的 plot() 函数是用于创建数据可视化图表的函数，用户可以方便地从 Pandas 数据结构（如 DataFrame 和 Series）中绘制各种类型的图表。Pandas Plot 与 Matplotlib 结合使用可以实现图表的个性定制。Pandas Plot 其官方网址为 "https://pandas.pydata.org/pandas-docs/stable/reference/api/pandas.DataFrame.plot.html"。

1. plot() 函数

plot() 函数的语法格式如下：

```
DataFrame.plot(x=None, y=None, kind='line', ax=None, subplots=False,
               sharex=None, sharey=False, layout=None, figsize=None,
               use_index=True, title=None, grid=None, legend=True,
               style=None, logx=False, logy=False, loglog=False,
               xticks=None, yticks=None, xlim=None, ylim=None, rot=None,
               xerr=None, secondary_y=False, include_bool=False, **kwds)
```

常用参数说明：

①kind：表示绘制各种图形，如表 9-1 所示；②figsize：图片尺寸大小；③title：图表的标题；④legend：图例；⑤fontsize：轴刻度的字体大小。

表 9-1　kind 绘制图形种类

种类	图形	种类	图形
line	折线图（默认）	kde	核密度估计图
bar	柱状图	density	直方图与核密度估计图的组合图
barh	水平柱状图	area	面积图
hist	直方图	pie	饼图
box	箱线图	scatter	散点图

2. 实例应用

【例 9-1】　根据"shw.csv"文件中身高的数据，绘制柱状图。

【任务实现】

（1）用 Pandas 中的 cut() 函数可以将身高数据分成不同的区间值。

（2）用 Pandas 中的 plot() 函数绘制柱状图。

（3）用 Matplotlib 中的 show() 函数显示图片。

在图形显示过程中，PyCharm 一直处于运行状态 ，可以单击 按钮结束图片显示，也可以直接关闭图片结束程序运行。如果需要修改图形参数，要先结束本次程序运行，再次运行程序加载新的图形参数。

具体程序代码和运行结果如图 9-2 所示。

```
import pandas as pd
import matplotlib.pyplot as plt

# 读入数据文件
data = pd.read_csv("files/shw.csv", sep=',')
data = pd.cut(data.height, bins=5).value_counts()
print(data)
# 绘制图形
data.plot(kind="bar", title="Height Frequency Bar Chart", fontsize=10 )
# 显示图形
plt.show()
```

（a）程序代码

图 9-2　绘制柱状图

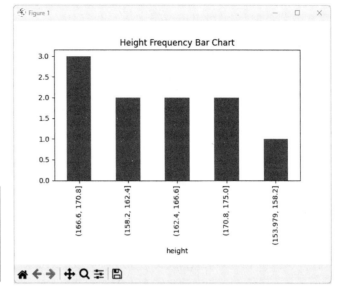

```
(166.6, 170.8]        3
(158.2, 162.4]        2
(162.4, 166.6]        2
(170.8, 175.0]        2
(153.979, 158.2]      1
Name: count, dtype: int64
```

（b）运行结果

图 9-2　（续）

图片显示窗口的下方有七个按钮，其功能分别如下：

🏠：返回图片最初的状态；

⬅ ➡：后退和前进按钮，绘图历史中的一个状态；

✛：移动视图，以查看图表中不同部分；

🔍：放大图表，以查看数据的细节；

💾：保存图片；

☰：子图配置工具（subplot configuration tool），设置图表的布局和其他显示选项。单击后，会打开一个配置窗口（见图 9-3），可以进行图表显示配置。

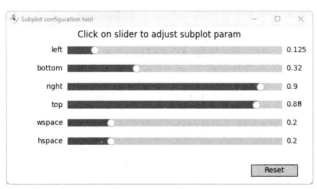

图 9-3　图片显示的配置窗口

如果要对图形进行更多的设置，则要调用 Matplotlib 绘图的各项参数，具体可看 Matplotlib 的介绍。

【例 9-2】　根据 "shwhf.csv" 文件中 gender 和 history 数据，绘制复式柱状图。

【任务实现】

（1）用 Pandas 中的 crosstab() 函数构建 gender 和 history 之间列联表。

（2）用 Pandas 中的 plot()函数绘制复式柱状图。

（3）用 Matplotlib 中的 show()函数显示图片。

具体程序代码和运行结果如图 9-4 所示。

```python
import pandas as pd
import matplotlib.pyplot as plt

# 读入数据文件
data = pd.read_csv("files/shwhf.csv", sep=',')
print(data)
df = pd.crosstab(data.gender, data.history)
print(df)

# 绘制图形
df.plot(kind="bar", title="Crosstab Bar Chart", stacked=True)

# 显示图形
plt.show()
```

（a）程序代码

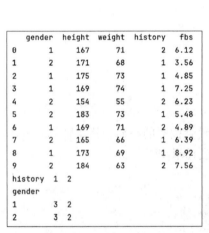

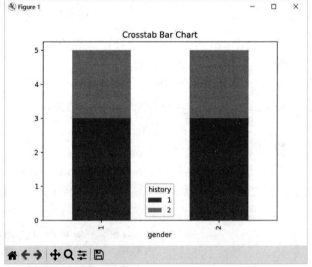

（b）运行结果

图 9-4 绘制复式柱状图

【例 9-3】 根据"task.csv"文件中受试者参与 3 个任务情况的数据，绘制占比图。

【任务实现】

（1）用 Pandas 中的基础函数计算各任务参与人数及占比。

（2）用 Pandas 中的 plot() 函数绘制复式柱状图。

（3）用 Matplotlib 中的 show() 函数显示图片。

具体程序代码和运行结果如图 9-5 所示。

```
import pandas as pd
import matplotlib.pyplot as plt

# 读入数据文件
data = pd.read_csv("files/task.csv")

# 计算每个任务的参与人数
task1_participants = data["任务1"].sum()
task2_participants = data["任务2"].sum()
task3_participants = data["任务3"].sum()

# 设置图表中的字体为黑体
plt.rcParams['font.sans-serif'] = ['SimHei']

# 绘制对比图
tasks = ["任务1", "任务2", "任务3"]
participants = [task1_participants, task2_participants, task3_participants]
data = {"任务": tasks, "参与人数": participants}
df = pd.DataFrame(data)
print("各任务人数统计：")
print(df)

# 计算总参与人数
total_participants = df["参与人数"].sum()

# 计算任务占比
df["任务占比"] = (df["参与人数"] / total_participants) * 100

# 绘制图形
df.plot(kind='pie', y='任务占比', title="任务占比图", labels=df['任务'], autopct='%1.2f%%',
legend=False)

# 显示图形
plt.show()
```

（a）程序代码

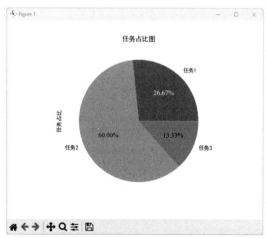

（b）运行结果

图 9-5　绘制占比图

9.2.2 Matplotlib

Matplotlib 是最流行的 Python 可视化库之一，可以绘制二维、三维、动态、交互等任何图表，也是 Seaborn 等众多可视化库的底层依赖。Matplotlib 通常与 NumPy、Pandas 和 SciPy 等一起使用，实现数据分析及可视化一体化实现。Matplotlib 官方网址为 "https://matplotlib.org/"。

Matplotlib 是 Python 第三方库，使用前需另外安装。通常用 Matplotlib 的子库 Pyplot 实现绘图功能，引用方式为 "import matplotlib.pyplot as plt"。

1. Matplotlib 图像构成

Matplotlib 可以绘制非常多的图形，所生成的图形主要由以下几个部分构成，如图 9-6 所示。

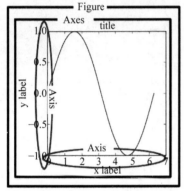

图 9-6　Matplotlib 图像构成

（1）Figure：指整个图形，包括了所有的元素，如标题、轴线等。

（2）Axes：绘制 2D 图像的实际区域，也称为轴域区，或者绘图区。

（3）Axis：坐标系中的垂直轴与水平轴，包含轴的长度大小、轴标签和刻度标签。

（4）Title：图表的名称，通常位于图表的顶部。

（5）Labels：标签是坐标轴上的文本标记，用于标识数据的含义。

（6）Ticks：刻度是坐标轴上的小标记，表示数据的刻度值。

（7）Legend：图例是用于解释图表中各种元素含义的标识。

2. Matplotlib 绘图

在准备好数据后，就可以开始图形绘制了，Matplotlib 绘图的基本流程如图 9-7 所示。

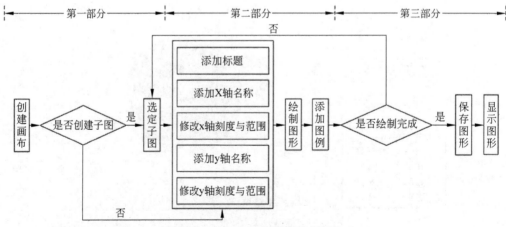

图 9-7　Matplotlib 绘图的基本流程

Matplotlib 可以绘制各种图形，基础的绘图函数如表 9-2 所示。

表 9-2　Matplotlib 基础绘图函数

函　　数	说　　明	函　　数	说　　明
plt.plot(x,y,fmt,…)	绘制坐标图	plt.cohere(x,y,NFFT=256,Fs)	绘制 X-Y 的相关性函数
plt.boxplot(data,notch,position)	绘制箱型图	plt.scatter(x,y)	绘制散点图
plt.bar(left,height,width,bottom)	绘制柱状图	plt.step(x,y,where)	绘制步阶图
plt.barh(width,bottom,left,height)	绘制横向条形图	plt.hist(x,bins,normed)	绘制直方图
plt.polar(theta,r)	绘制极坐标图	plt.contour(X,Y,Z,N)	绘制等值图
plt.pie(data,explode)	绘制饼图	plt.stem(x,y,linefmt,markerfmt)	绘制柴火图
plt.psd(x,NFFT=256,pad_to,Fs)	绘制功率谱密度图	plt.specgram(x,NFFT=256,pad,F)	绘制谱图

除了这些基本的函数，Matplotlib 还有很多其他函数，如用于设置图表属性的函数、用于添加文本和注释的函数、图表保存函数等。

在实际应用中常常要在图片中显示中文，但是 Matplotlib 默认不支持中文字体，可以在程序中对 rcParams（Runtime Configuration Parameters，运行时配置参数）进行设置，方法如下：

```
import matplotlib.pyplot as plt
plt.rcParams["font.sans-serif"]=["SimHei"]  # 设置字体
plt.rcParams["axes.unicode_minus"]=False  # 解决图像中的负号 "-" 的乱码问题
```

rcParams 是用于配置和定制图形参数的字典，它允许在运行时修改和设置 Matplotlib 的各种参数，以影响绘图的外观和行为。

Matplotlib 常用的函数如表 9-3 所示。

表 9-3　Matplotlib 常用的函数

函　　数	说　　明	函　　数	说　　明
plt.figure(figsize=(w, h))	设置图形尺寸	plt.show()	显示图片
plt.title()	设置图表标题	plt.savefig()	保存图片
plt.xlabel()	设置 X 轴标签	plt.xlim()	设置 X 轴范围
plt.ylabel()	设置 Y 轴标签	plt.ylim()	设置 Y 轴范围
plt.legend()	添加图例	plt.subplot()	创建子图
plt.axhline()	绘制水平线	plt.axvline()	绘制垂直线
plt.text()	添加文字说明	plt.close()	关闭当前图表

常用属性设置如下。

（1）线条样式（linestyle）：用于设置线条的样式，可以在 plot() 函数中使用 "linestyle" 参数设置，常见的线条样式包括实线（默认）、点虚线 dotted（:）、虚线 dashed（--）和点画线 dashdot（'-.）等。

（2）线条宽度（linewidth）：用于设置线条的宽度，可以在 plot()函数中使用 linewidth 参数来设置。

（3）标记（marker）：用于指定绘制数据点时使用的标记类型，共计 37 种。常用的有圆形标记（o）、方形标记（s）、菱形（D）和六边形（H）等，还可以通过 marker 参数设置标记的大小（markersize）、颜色（markerfacecolor）和边线颜色（markeredgecolor）等属性。

（4）颜色：可以使用单个字符来表示颜色，例如，r 代表红色，b 代表蓝色，g 代表绿色等；可以使用颜色名称来表示颜色，如 red、blue、green 等；还可以使用 HTML 颜色表示法来表示颜色，如"#FF0000"代表红色。

（5）fmt 参数：用符号定义基本格式，即标记、线条样式和颜色。如"o:r"，其中"o"表示实心圆标记，":"表示虚线，"r"表示颜色为红色。

（6）对齐：va（vertical alignment）用于控制文本垂直对齐的参数，top 为顶部对齐，center 为中间对齐，bottom 为底部对齐。ha（horizontal alignment）用于控制文本水平对齐的参数，left 为左对齐，center 为中间对齐，right 为右对齐。

【例 9-4】 绘制正弦函数曲线图。

【任务实现】 具体程序代码和运行结果如图 9-8 所示。

```python
import matplotlib.pyplot as plt
import numpy as np

# 生成 x 值
x = np.linspace(0, 2 * np.pi, 100)

# 计算 y 值
y = np.sin(x)

# 求最大值和最小值的坐标
max_x = x[np.argmax(y)]
max_y = np.max(y)
min_x = x[np.argmin(y)]
min_y = np.min(y)

# 设置中文字体
plt.rcParams["font.sans-serif"]=["SimHei"]

# 解决图像中的 "-" 负号的乱码问题
plt.rcParams["axes.unicode_minus"]=False

# 绘制正弦函数
plt.plot(x, y, label='正弦函数')

# 设置标记
plt.plot(max_x, max_y, marker='D', markersize=8, color='red', label='最大值')
plt.plot(min_x, min_y, marker='o', markersize=8, color='green', label='最小值')

# 绘制 y=0 线
plt.axhline(y=0, color='grey', linestyle='--')
# 添加文字说明
plt.text(max_x, max_y, f'最大值 ({max_y:.2f})', fontsize=12, ha='right', va='bottom')
plt.text(min_x, min_y, f'最小值 ({min_y:.2f})', fontsize=12, ha='right', va='top')
# 添加标题
plt.title("正弦函数曲线")
# 添加图例
plt.legend()
# 显示图形
plt.show()
```

（a）程序代码

图 9-8　正弦函数曲线图

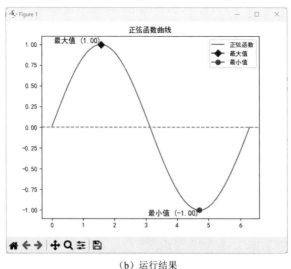

（b）运行结果

图 9-8　（续）

9.3　数据可视化在数据分析中的应用

在数据分析中，通常会联合多个库来实现各种数据统计分析，如 Pandas、SciPy、statsmodels、sklearn 库等。

Statsmodels 库是 Python 中一个强大的统计分析库，包含假设检验、回归分析、时间序列分析等功能，能够很好地和 Numpy 和 Pandas 等库结合起来，提高工作效率。Statsmodels 详细说明可查看官方文档"https://www.statsmodels.org/stable/index.html"。

sklearn 库也称为 Scikit-Learn，是机器学习和数据挖掘中常用到的 Python 第三方库。它建立在 NumPy、SciPy 和 Matplotlib 的基础之上，提供了各种用于数据预处理、特征工程、监督学习、无监督学习和模型评估的工具。sklearn 详细说明可查看官方文档"https://scikit-learn.org/stable/index.html"。

9.3.1　线性回归模型

线性回归（Linear Regression）模型是利用线性回归方程对一个或多个自变量和因变量之间关系进行建模的一种回归分析。线性回归模型经常用最小二乘逼近来拟合。

【例 9-5】　分析身高和体重的相关性，构建线性回归模型，并对体重进行预测。

【任务实现】

（1）用 Matplotlib 绘制身高和体重的散点图，观察数据特征。

（2）用 scipy.stats 中的 pearsonr() 函数计算身高和体重的相关系数。

（3）用 statsmodels.formula.api 中的 ols() 函数以体重为因变量，身高为自变量，作简单线性回归模型。

（4）应用该线性回归模型做体重的预测。

具体程序代码和运行结果如图 9-9 所示。

```
import pandas as pd
import matplotlib.pyplot as plt
from scipy.stats import pearsonr
import statsmodels.formula.api as smf

# 读入数据文件
data = pd.read_csv("files/shwhf.csv", sep=',')
x = data.height
y = data.weight

# 绘制身高和体重的散点图，观察数据特征
plt.scatter(x, y)
plt.show()

# 计算身高和体重的 Pearson 相关系数
ps = pearsonr(x,y)
print("pearsonr: ",ps)

# 以体重为因变量，身高为自变量，作简单线性回归模型
fm = smf.ols("weight~height", data).fit()
ta = fm.summary2().tables[1]
print(ta )

# 应用该线性回归模型做体重的预测
pred = fm.predict(pd.DataFrame({"height":[167,173,189]}))
print("预测结果: ")
print(pred)
```

（a）程序代码

```
简单线性回归模型:
              Coef.    Std.Err.          t      P>|t|     [0.025      0.975]
Intercept  13.138710  35.236688   0.372870   0.718931  -68.117239  94.394658
height      0.322581   0.205823   1.567275   0.155686   -0.152047   0.797208
预测结果:
0    67.009677
1    68.945161
2    74.106452
dtype: float64
```

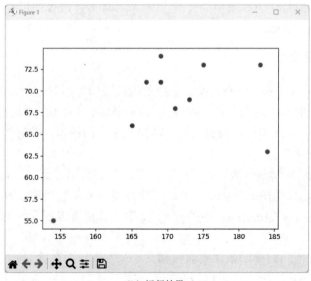

（b）运行结果

图 9-9　线性回归

9.3.2　主成分分析

主成分分析（PCA，Principal components analysis）是考查多个定量变量之间相关性的一种多元统计方法，其目的是通过对原始变量的线性组合，提取几个彼此独立的新变量。主成分分析是在不损失原始主要信息的前提下，避开了变量间的共线性问题，从而便于对数据进行深入分析。一般在实际应用中常常提取前 2～3 个主成分，且这些主成分包含 90% 以上的信息。主成分分析的主要步骤包括：对各原始指标数据进行标准化；求出相关矩阵；求出相关矩阵的特征值和特征值所对应的特征向量；提取主成分并获得主成分的表达式。

【例 9-6】　对 Sklearn 自带的数据集 iris 进行主成分分析。

【任务实现】

（1）加载 iris 数据集，用 sklearn.decomposition 做 PCA 分析。

（2）获取每个样本前两个主成分的值。

（3）用 Matplotlib 的 scatter() 函数绘制散点图。

具体程序代码和运行结果如图 9-10 所示。

```python
import matplotlib.pyplot as plt
from sklearn.datasets import load_iris
from sklearn.decomposition import PCA

# 读入数据
iris = load_iris()
x = iris.data
y = iris.target

# 做 PCA 分析
pca = PCA(n_components = 2)
pca.fit(x)
print("主成分的方差值: ", pca.explained_variance_)
print("主成分的方差值占比: ", pca.explained_variance_ratio_)

# 获取每个样本前两个主成分的值
x_pca = pca.fit_transform(x)
print("x_pca: \n", x_pca)

# 绘制主成分的分类图
plt.figure()

# 设置中文字体
plt.rcParams["font.sans-serif"]=["SimHei"]

# 解决图像中的"-"负号的乱码问题
plt.rcParams["axes.unicode_minus"]=False

# 绘制散点图
plt.scatter(x_pca[:,0], x_pca[:,1], c=y, alpha=0.8, label=iris.target_names)

# 添加标题
plt.title("主成分分类图")
plt.legend()    # 添加图例

# 显示图形
plt.show()
```

（a）程序代码

图 9-10　主成分分析

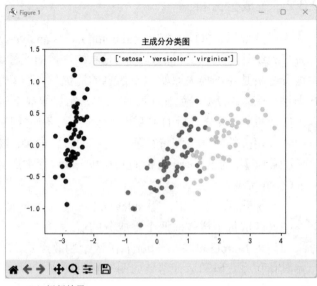

（b）运行结果

图 9-10　（续）

9.3.3　聚类分析

聚类分析（Cluster analysis）是一种常用的无监督学习方法，是多元统计分析方法之一，实质是将观察单位分为若干类，满足同一类内的差别较小，而类与类之间的差别较大。聚类分析的方法主要有 K 均值聚类法（K-means cluster）和层次聚类法（Hierarchical cluster）。

K 均值聚类法是一种比较简单但使用广泛的聚类算法，属于无监督聚类算法。K 均值聚类法的主要步骤如下：

（1）指定分类数，并指定某些观测为凝聚点作为各类的初始核心；

（2）按就近原则将其余观测向凝聚点聚集，得到初始分类，计算初始分类的中心位置；

（3）对中心位置重新聚类，完毕后再次计算中心位置，反复循环，直到中心位置改变很小（收敛标准）。

【例 9-7】　用随机数生成的数据进行 K 均值聚类，并绘制聚类图。

【任务实现】

（1）用 Numpy 中的 rand() 函数随机生成模拟数据。

（2）进行 K-Means 聚类，并为每个聚类计算拟合的圆圈参数。

（3）用 Matplotlib 中的 scatter() 函数绘制散点图，Circler() 函数绘制拟合的圆圈边缘线。

具体程序代码和运行结果如图 9-11 所示。

```
import matplotlib.pyplot as plt
import numpy as np
from sklearn.cluster import KMeans

# 用随机数生成模拟数据
np.random.seed(0)
```

（a）程序代码

图 9-11　K 均值聚类

```
n_samples = 100
X1 = np.random.rand(n_samples // 2, 2) * 0.3  # 组 1
X2 = np.random.rand(n_samples // 2, 2) + 0.4  # 组 2
data = np.vstack([X1, X2])  # 数据堆叠合并

# 使用 K-Means 聚类算法将数据点分组到不同的类
n_clusters = 2
kmeans = KMeans(n_clusters=n_clusters)
kmeans.fit(data)
y_kmeans = kmeans.predict(data)

# 为每个聚类计算拟合的圆圈参数
circle_parameters = []
for cluster_label in range(n_clusters):
    cluster_points = data[y_kmeans == cluster_label]
    # 计算圆心和半径（用平均值作为圆心）
    circle_center = np.mean(cluster_points, axis=0)
    circle_radius = np.max(np.linalg.norm(cluster_points - circle_center, axis=1))
    circle_parameters.append((circle_center, circle_radius))

# 绘制聚类图
# 设置中文字体
plt.rcParams["font.sans-serif"]=["SimHei"]

# 绘制散点图
plt.scatter(data[:, 0], data[:, 1], c=y_kmeans)

# 绘制拟合的圆圈边缘线
for center, radius in circle_parameters:
    circle = plt.Circle(center, radius, fill=False, color='red', linestyle='dashed')
    plt.gca().add_patch(circle)

# 添加标题
plt.title("K 均值聚类")

# 显示图形
plt.show()
```

（a）程序代码

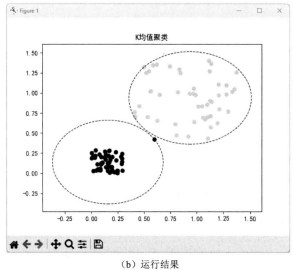

（b）运行结果

图 9-11 （续）

9.3.4 决策树模型

决策树模型（Decision Tree）是一种基于树状图结构的监督学习算法，用于分类和回归任务。决策树是一种非常基础又常见的机器学习模型，具有易于理解和可解释的优点。

【例 9-8】 对数据进行决策树分类分析，并绘制决策树图。

【任务实现】

（1）读取文件数据，提取特征和目标变量数据。

（2）用 sklearn.tree 的决策树分类器 DecisionTreeClassifier 来构建决策树模型。

（3）用 sklearn.tree 的 plot_tree() 函数绘制决策树图。

具体程序代码和运行结果如图 9-12 所示。

```python
from sklearn.tree import DecisionTreeClassifier
from sklearn.tree import plot_tree
import matplotlib.pyplot as plt
import pandas as pd

# 读入数据文件
data = pd.read_csv("files/aswd.csv", sep=',')

# 将性别和家族史转换为数值特征
data['性别'] = data['性别'].map({'女': 0, '男': 1})
data['家族史'] = data['家族史'].map({'正常': 0, '异常': 1})
# 将数据集拆分为特征和目标变量
x = data[['年龄', '性别', '家族史', '体重指数']]
y = data['患病状态']

# 构建决策树模型，使用熵（Entropy）作为分裂标准
clf = DecisionTreeClassifier(criterion='entropy', max_depth=3)
# 拟合模型
clf.fit(x, y)
# 绘制图形
plt.figure()
# 设置中文字体
plt.rcParams["font.sans-serif"]=["SimHei"]

# 绘制决策树图
plot_tree(clf, filled=True, feature_names=x.columns,
          class_names=['无', '有'], rounded=True,
          fontsize=8, proportion=True)

# 添加标题
plt.title("决策树")
# 显示图形
plt.show()
```

（a）程序代码

图 9-12 决策树分类图

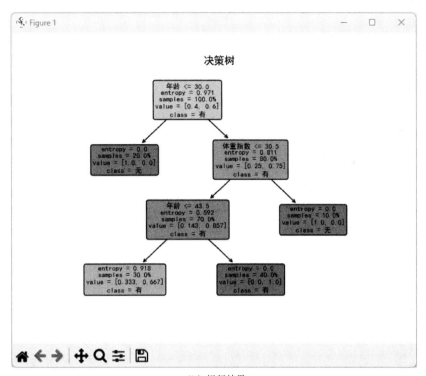

（b）运行结果

图 9-12　（续）

本章小结

　　本章主要介绍了 Python 在数据可视化中的应用。介绍了 Pandas 内置的 plot() 函数在基础绘图中的应用与实现，介绍了常用的 Python 可视化库 Matplotlib 的基础知识。

　　此外，通过多个实例分析，将数据可视化应用在常用的医学数据分析中，如线性回归、主成分分析、聚类分析和决策树。

第 10 章

医学图像处理

随着科技的不断进步和医疗行业的发展，人工智能在医学影像学领域发挥着至关重要的作用。

10.1 医学图像概述

10.1.1 图像概述

1. 图像

图像（Image）是对视觉信息的表达，它可以是现实世界中的视觉场景的可视表示。图像可以是物理图像（由光线反射或传播而来），也可以是计算机生成的图像（如计算机图形）。

图像可以按照其表现形式分为模拟图像和数字图像。

（1）模拟图像（Analog Image）又称连续图像，是一种连续的视觉表示，它的值在空间上是连续变化的。模拟图像需要通过化学过程（如照相和暗室处理）才能形成可见图像。

（2）数字图像（Digital Image）又称数位图像，是离散的视觉表示，它的值在空间上以离散像素的形式表示。数字图像是用一个数字阵列来表达客观物体的图像，是一个离散采样点的集合，每个点具有其各自的属性（颜色或亮度等）。数字图像更容易保存、处理和传输，适用于各种应用，包括计算机视觉、图像处理、医学成像、媒体和通信等。

数字图像可以由传感器捕获或计算机生成，也可以由模拟图像数字化得到。它把连续的模拟图像离散化成规则网格，并用计算机以数字的方式来记录图像上各网格点的亮度信息的图像。模拟图像和数字图像的相互转换如图 10-1 所示。

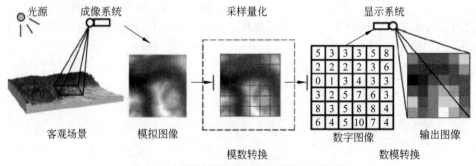

图 10-1　模拟图像和数字图像的相互转换

2. 数字图像的量化

数字图像包含丰富的信息，这些信息以像素的形式存储在图像中。数字图像中包含的基本信息如下：

（1）像素值（Pixel Values）：数字图像是用像素表示图像中相应位置的颜色或亮度。灰度图像的每个像素通常表示灰度级别：从 0（黑色）～255（白色）；彩色图像的每个像素通常由红色、绿色和蓝色通道的值组成，每个通道的值在 0～255。

（2）分辨率（Resolution）：分辨率描述了图像在水平和垂直方向上的像素数量。分辨率越大则图像具有更多的细节和清晰度，但文件也越大。

（3）像素深度（Pixel Depth）：图像中的每个像素可以使用的颜色信息数量。每个像素的信息位数越大，图像中的可用颜色就越多，颜色表示也越准确，从而图像越大。

（4）图像尺寸（Image Dimensions）：图像尺寸是指图像的宽度和高度，通常以像素为单位。

（5）图像时间信息（Timestamp）：对于动态图像或视频，时间信息可以包括每个帧的时间戳，以确定帧的顺序和持续时间。

3. 数字图像的存储格式

常见的数字图像的格式存储如下，每种格式具有不同的特性和用途。

（1）JPEG（Joint Photographic Experts Group）：JPEG 是一种广泛使用的有损压缩图像格式。它适用于存储照片和图像，并可以在图像质量和文件大小之间进行权衡。JPEG 格式通常以.jpg 或.jpeg 作为文件扩展名。

（2）PNG（Portable Network Graphics）：PNG 是一种无损压缩图像格式，适用于存储具有透明背景的图像或需要高质量图像的应用。PNG 格式通常以.png 作为文件扩展名。

（3）BMP（Bitmap）：BMP 是一种无损图像格式，它以像素的精确颜色值存储图像，不压缩图像数据。BMP 格式通常以.bmp 作为文件扩展名。

（4）TIFF（Tagged Image File Format）：TIFF 是一种灵活的图像格式，支持多种色彩空间、分辨率和压缩选项。它适用于高质量的图像存储。TIFF 格式通常以.tiff 或.tif 作为文件扩展名。

（5）GIF（Graphic Interchange Format）：GIF 是一种支持动画和简单透明度的格式。GIF 格式通常以.gif 作为文件扩展名。

（6）WebP：WebP 是一种由 Google 开发的现代图像格式，结合了高压缩率和高质量。WebP 格式通常以.webp 作为文件扩展名。

10.1.2　医学图像

医学影像是借助于某种介质（如 X 射线、电磁场、超声波等）把人体内部组织器官结构、密度以影像方式表现出来，供诊断医师根据影像提供的信息进行判断。医学图像是反映人体内部结构的图像，是疾病筛查和诊治最主要的信息来源，也是辅助临床疾病诊疗的重要手段。临床广泛使用的医学成像种类主要有 X 射线成像、计算机断层扫描（CT）、核磁共振成像（MRI）、正电子发射断层扫描（PET）、单光子发射计算机断层扫描（SPECT）和超声成像等。

医学图像与普通图像有着不同的格式，在医学图像处理领域主要有 6 种格式（见

图 10-2）：DICOM（医学数字成像和通信）、NIFTI（神经影像学信息技术计划）、PAR/REC（飞利浦 MRI 扫描格式）、ANALYZE（Mayo 医疗成像）、NRRD（近乎原始光栅数据）和 MNIC 格式。其中 DICOM 和 NIFTI 是最常用的格式。

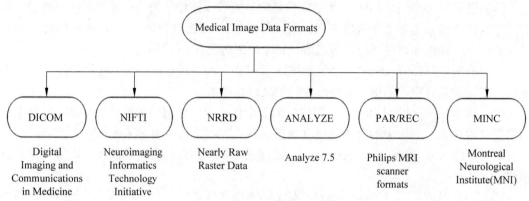

图 10-2　常用医学图像格式

1. DICOM

DICOM（Digital Imaging and Communications in Medicine）是一种医学图像和相关信息的标准格式，用于存储、传输和共享医学影像数据。DICOM 标准是 ACR（American College of Radiology，美国放射协会）和 NEMA（National Electrical Manufactures Association，美国国家电子制造商协会）联合开发医学数字成像和通信的一个通用标准，是为了解决医学图像数据的互操作性和可移植性问题而制定的，它定义了图像数据的格式和传输方式，以确保不同医疗设备和软件之间可以无缝地交换和共享医学图像，为患者诊断和治疗提供了更多便利和可靠性。此外，DICOM 标准还规定了安全性和隐私保护，以确保医学图像数据的保密性和完整性。

DICOM 文件的后缀是.dcm，可分为文件头和数据集两部，文件结构如图 10-3 所示。DICOM 文件可用软件 MicroDicom 和 RadiAnt Viewer 等打开查看。

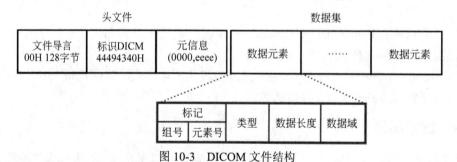

图 10-3　DICOM 文件结构

2. NIfTI

NIfTI（Neuroimaging Informatics Technology Initiative）常用于存储神经影像学的图像数据。NIfTI 支持三维和四维数据，可以存储静态和动态图像序列，如时间序列 MRI 扫描。NIfTI 文件通常使用.nii 或.nii.gz 扩展名，.nii 文件是未压缩的 NIfTI 格式，而.nii.gz 文件是经过 gzip 压缩的 NIfTI 格式。NIfTI 文件可用软件 ITK-SNAP 等打开查看。

10.1.3　医学图像处理

医学图像数据具有可获得、质量高、体量大、标准统一等特点，利用图像处理技术对图像进行分析和处理，实现对人体器官、软组织和病变体的位置检测、分割提取、三维重建和三维显示，可以对感兴趣区域进行定性定量的分析，从而大大提高临床诊断的效率、准确性和可靠性，在医疗教学、手术规划、手术仿真及各种医学研究中也能起重要的辅助作用。

医学图像处理主要有以下几种。

（1）特征提取：从图像中提取有用的信息和特征，如形状、纹理、强度等。

（2）图像增强：对图像进行处理以改善图像质量，使其更容易观察和分析。

（3）图像分割：将图像中的不同组织和结构分割成不同的区域，如用于器官定位和病变检测。

（4）图像配准：将不同时间或不同成像模态的图像进行配准，以进行比较和分析。

（5）图像识别：使用机器学习和深度学习技术对医学图像进行分类，如检测肿瘤或异常区域。

（6）图像融合：将来自不同成像技术的图像融合在一起，以提供更全面的信息。

（7）三维重建：使用多个切片图像构建三维模型，如用于手术规划和教育。

10.2　医学图像处理技术

图像处理在医学影像、计算机视觉、无人驾驶、安全监控、娱乐、卫星图像分析等许多领域中都有广泛的应用，它是计算机视觉领域的核心技术之一。

Python 在普通图像和医学图像的处理应用方面有许多强大的库和工具，这些库可以用于图像处理、分析、可视化和三维重建等任务。本节仅介绍较为常用的四个 Python 库的基本使用，每个库详细的说明和使用可参考官网上的文档说明及参考程序。

医学图像处理是一个十分复杂的领域，本书只覆盖该领域的一小部分。本节通过几个典型的医学图像处理应用的例子来展示 Python 在医学图像处理中的应用。

10.2.1　Pillow

Pillow 是基于 PIL（Python Image Library）的一个分支，是在 Python 环境下常用的图像处理模块，可用于完成图片剪切、粘贴、缩放、镜像、水印、颜色块、滤镜、图像格式转换、色场空间转换、验证码、旋转图像、图像增强、直方图处理、插值和滤波等。

其网址为"https://python-pillow.org/"。

安装命令如下：

```
pip install pillow
```

引用命令如下：

```
from PIL import Image, ImageDraw, ImageOps
```

Pillow 库的主要模块包括 Image、ImageColor、ImageDraw、ImageFont、ImageFilter 和 ImageOps 等，每个模块都提供了相应的类和方法来处理图像，常用方法如表 10-1 所示。

（1）Image 模块：打开、操作和保存图像的方法。

（2）ImageColor 模块：操作 RGB 颜色空间的方法。

（3）ImageDraw 模块：在图像上绘制各种形状和文本的方法。

（4）ImageFont 模块：设置字体和字体大小的方法。

（5）ImageFilter 模块：对图像进行滤波处理，如模糊、轮廓、锐化等。

（6）ImageOps 模块：对图像操作和增强的，如自适应阈值处理、裁剪、旋转、翻转、尺寸调整等。

表 10-1　Pillow 库的常用方法

方　　法	说　　明
Image.open(filename)	打开图像文件
Image.new(mode, size, color)	创建新的空白图像
image.size	获取图像的尺寸
image.mode	获取图像的颜色模式
image.info	获取图像的附加信息
image.show()	在默认图像查看器中显示图像
image.save(filename, format)	保存图像到文件
image.copy()	复制图像
image.crop(box)	裁剪图像
image.resize(size)	调整图像大小
image.rotate(angle)	旋转图像
image.getpixel(xy)	获取图像指定坐标点的像素值
image.putpixel(xy, value)	设置图像指定坐标点的像素值
image.convert(mode)	将图像转换为指定的颜色模式
image.split()	拆分图像的颜色通道
image.text(xy, text, fill)	绘制文本
image.filter(filter)	应用滤镜效果
ImageOps.autocontrast(image, cutoff=0)	自动调整图像的对比度和亮度
ImageOps.brightness(image, factor=1.0)	调整图像的亮度
ImageOps.contrast(image, factor=1.0)	调整图像的对比度
ImageOps.grayscale(image)	将图像转换为灰度图像
ImageOps.invert(image)	反转图像的颜色
ImageOps.solarize(image, threshold=128)	对图像应用日光效果
ImageOps.flip(image, method=Image.FLIP_LEFT_RIGHT)	水平或垂直翻转图像

【例 10-1】　将所给彩色图转为灰度图和黑白二值图。

【任务实现】

任务分析：读取原始彩色图片文件→转换为灰度图→添加文字说明→设置并调整阈

值→转换为黑白二值图像→保存并显示图片。具体程序代码和运行结果如图 10-4 所示。

```python
from PIL import Image, ImageOps, ImageDraw

# 打开图像
folder_path = "files/ch10/"
image_path = folder_path + "HumanOrgan.jpg"
image = Image.open(image_path)

# 转换为灰度图像
gray_image = ImageOps.grayscale(image)

# 创建可绘制的图像对象
draw = ImageDraw.Draw(gray_image)
# 在图像指定位置上添加文字
text = "Human Organ Image"
draw.text((10, 10), text, fill=0)

# 保存图像
gray_image.save("files/output/eg10-1/eg10-1-gray.jpg")
# 显示图像
gray_image.show()

# 设置阈值
threshold = 160

# 生成二值黑白图像
bw_image = gray_image.point(lambda x: 0 if x < threshold else 255, "1")
# 保存图像
bw_image.save("files/output/eg10-1/eg10-1-bw.jpg")
# 显示图像
bw_image.show()
```

（a）程序代码

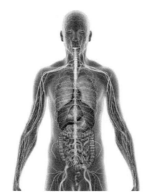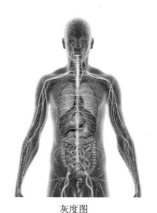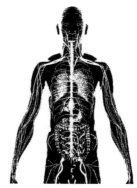

原图　　　　　　　　　　　　　灰度图　　　　　　　　　　　　　二值图

（b）运行结果

图 10-4　应用 Pillow 库进行图像转换

10.2.2　PyDicom

PyDicom 用于读取、解析和操作 DICOM 图像和相关数据，同时支持修改后的数据集可以再次写入 DICOM 格式文件。其网址为"https://pypi.org/project/pydicom/"。

安装命令如下：

```
pip install pydicom
```

引用命令如下：

```
import pydicom
```

PyDicom 库的常用方法见表 10-2。

表 10-2　PyDicom 库的常用方法

方　法	说　明
pydicom.dcmread(filename, force=True)	读取 DICOM 文件
pydicom.read_file(filename)	读取 DICOM 文件
pydicom.Dataset()	创建一个新的空 DICOM 数据集对象，可用于构建新的 DICOM 文件
Dataset.file_meta	获取文件元数据，包括文件格式信息
Dataset.dir()	列出 DICOM 数据集的所有属性
pydicom.datadict.tag_for_keyword(keyword)	根据关键字查找 DICOM 标签的标签值
Dataset.get(tag)	获取特定标签的值
Dataset[tag].value = new_value	修改特定标签的值
Dataset.Modality	获取成像设备的模态性质属性（如 CT、MRI）
Dataset.PatientName	获取患者姓名属性
Dataset.PatientName = "New Name"	修改患者姓名属性
Dataset.pixel_array	获取 DICOM 图像数据作为 NumPy 数组，可进行图像处理和分析
Dataset.save_as(filename)	将 DICOM 数据集保存为 DICOM 文件

【例 10-2】　读取 DICOM 文件，将属性信息保存到 CSV 文件；修改患者姓名和 ID 信息，另存为新的 DICOM 文件，并保存为 JPG 图片。

【任务实现】　具体程序代码和运行结果如图 10-5 所示。

```
import pydicom
import csv
import matplotlib.pyplot as plt

# 读取 DICOM 文件
folder_path = "files/ch10/"
dcm = pydicom.dcmread(folder_path + "thorax.dcm")

# 创建 CSV 文件并写入 DICOM 属性信息
csv_file = "files/output/eg10-2/eg10-2.csv"
with open(csv_file, mode='w', newline='') as csv_file:
    csv_writer = csv.writer(csv_file, delimiter=',')
```

(a) 程序代码

图 10-5　应用 PyDicom 库进行信息读取及修改

```
      # 写入表头
      csv_writer.writerow(["Tag", "Name", "Value"])
      # 遍历 DICOM 标签信息并写入 CSV 文件
      for attr in dcm:
          tag = attr.tag
          name = attr.name
          # 不记录: 图像像素数据、数据集末尾可能存在的填充字节
          if (name in ("Pixel Data", "Data Set Trailing Padding") ):
              continue
          value = str(attr.value)
          csv_writer.writerow([tag, name, value])
# 提取 DICOM 图像数据
image_data = dcm.pixel_array
# 显示原始 DICOM 图像
plt.figure(figsize=(6, 6))
plt.imshow(image_data, cmap=plt.cm.binary)   # 使用二值图像的颜色映射
plt.title("DICOM Image")
plt.savefig("files/output/eg10-2/eg10-2.jpg")
plt.show()
# 修改患者姓名和患者 ID
dcm.PatientName = "eg10-2"
dcm.PatientID = "T001"
# 保存修改后的 DICOM 文件
dcm.save_as("files/output/eg10-2/eg10-2.dcm")
```

（a）程序代码（续）

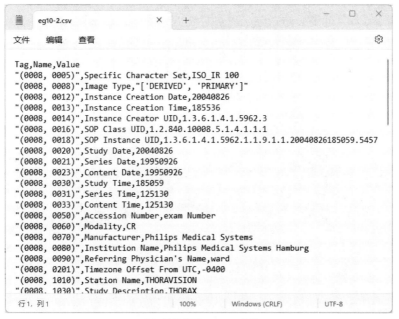

（b）运行结果 1：CSV 文件

图 10-5　（续）

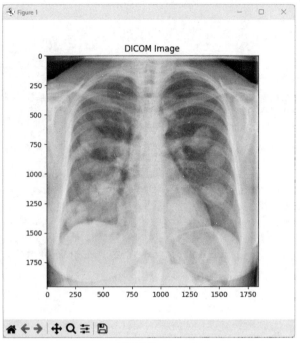

（c）运行结果 2：JPG 图

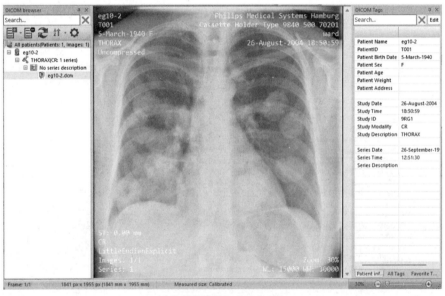

（d）运行结果 3：DICOM 图

图 10-5 （续）

该程序运行完会产生三个文件，如图 10-5（b）～图 10-5（d）所示。一个是 CSV 文件，把各个属性的 Tag、Name 和 Value 保留；一个是存为 JPG 的普通图像文件，并用 matplotlib.pyplot 显示；一个是修改信息后另保存的 DICOM 图片，可用 MicroDicom 软件打开查看。

DICOM 文件有很多属性，如 PatientID、PatientName、Manufacturer、Modality、StudyDate 和 ViewPosition 等，可以通过 Dataset.dir() 方法查看 DICOM 文件中所含有的所有属性；此

外，可以通过 Dataset.get(tag)方法得到该属性对应的属性值，如 Dataset.get("ViewPosition") = "PA"。

10.2.3　SimpleITK

SimpleITK（Simple Insight Segmentation and Registration Toolkit）是一个用于医学图像处理的 ITK（Insight Segmentation and Registration Toolkit）的 Python 封装库。SimpleITK 广泛用于医学图像处理和研究领域，如医学影像分析、医学图像配准、图像分割、疾病诊断等各种应用。其网址为"https://simpleitk.org/"。

安装命令如下：

```
pip install SimpleITK
```

引用命令如下：

```
import SimpleITK as sitk
```

SimpleITK 库的常用方法如表 10-3 所示。

表 10-3　SimpleITK 库的常用方法

方　　法	说　　明
ReadImage(filename)	读取医学图像数据
WriteImage(image, filename)	保存图像到文件
Show(image, title=")	显示图像
GetDimension()	获取图像的维度
GetSize()	获取图像在每个维度上的大小
GetPixel(x, y, z)	获取图像指定坐标处的像素值
SetPixel(x, y, z, value)	设置图像指定坐标处的像素值
GetArrayFromImage(image)	将 SimpleITK 图像对象转换为 NumPy 数组
LabelStatisticsImageFilter()	计算标签图像中每个区域的统计信息，如平均值、方差等
ShapeLabelMapFilter()	计算标签图像中每个区域的形状特征，如体积、表面积等
SmoothingRecursiveGaussian(sigma)	使用递归高斯滤波平滑图像
Elastix(fixedImage, movingImage)	执行图像配准操作
Threshold(image, lower, upper, outsideValue, insideValue)	对图像进行阈值分割
ConnectedThreshold(image, seed, lower, upper, replaceValue=1)	用于区域生长分割的函数，根据指定的种子点和像素值范围将图像分割成不同的区域
ConfidenceConnected(image, seedList, numberOfIterations)	使用置信连接法进行分割
Resample(image, transform)	对图像进行重采样

SimpleITK 的图像显示功能"sitk.Show(image)"是通过类似 ITK-snap、ImageJ 进行实现的，所以在进行 sitk.Show() 之前，需要对此进行安装设置才能正常实现。这需要提前下载安装 ImageJ（https://imagej.nih.gov/ij/download.html），并添加到系统的环境变量里。为简

化显示照片的过程，也可以通过 matplotlib.pyplot 来显示图片。

【例 10-3】 用 SimpleITK 的区域生长分割算法，分割出图中左侧深色区域。

【任务实现】

程序代码如图 10-6（a）所示，SimpleITK 读出的原图和分割后的图如图 10-6（b）所示。

```python
import SimpleITK as sitk
import matplotlib.pyplot as plt

# 读取 DICOM 图像
dicom_image = sitk.ReadImage("files/ch10/chest.dcm")
# 定义区域内的种子点和阈值
seed_point = (170, 270, 0)
lower_threshold = -1100
upper_threshold = -550
# 查看指定位置的像素值
pixel_value = dicom_image.GetPixel(seed_point[0], seed_point[1], seed_point[2])
print(f"Pixel Value at seed_point({seed_point}): {pixel_value}")
# 创建区域生长过程
region_growing = sitk.ConnectedThreshold(dicom_image, seedList=[seed_point], lower=
lower_threshold, upper=upper_threshold, replaceValue=1)
# 创建一个 1 行 2 列的子图布局
# 1.显示原图
plt.figure(figsize=(10, 5))
plt.subplot(1, 2, 1)
image_array = sitk.GetArrayFromImage(dicom_image)[0, :, :]
plt.imshow(image_array, cmap="gray")
plt.title('Original DICOM Image')
# 2.显示分割结果
plt.subplot(1, 2, 2)
region_image = sitk.GetArrayFromImage(region_growing)[0, :, :]
plt.imshow(region_image, cmap="binary")
plt.title(f"Segmented Region\n [seed:{seed_point}, pixel:{pixel_value},
        threshold:({lower_threshold},{upper_threshold})]")
# 保存图像
plt.savefig("files/output/eg10-3.jpg")
plt.show()
```

（a）程序代码

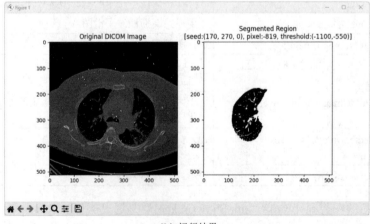

（b）运行结果

图 10-6 应用 SimpleITK 库进行区域生长分割

【思考题】

图 10-6（b）中有两块不连通的深色区域，如想同时都分割出来，该如何处理？

10.2.4　OpenCV

OpenCV（Open Source Computer Vision Library）是一个基于 BSD 许可（开源）发行的跨平台计算机视觉和机器学习库。OpenCV 提供了许多图像处理和分析工具，如滤波、形态学运算和图像变换等，OpenCV 还集成了机器学习库，可以用于训练和应用机器学习模型，包括支持向量机、随机森林、神经网络等，可以实现物体检测、目标跟踪、面部识别和手势识别等计算机视觉任务。OpenCV 在计算机视觉、图像处理、医学影像处理、自动驾驶和虚拟现实等众多领域都有广泛应用。

OpenCV 支持多种编程语言，如 C++、Python 和 Java 等，可在不同平台上使用，如Windows、Linux、Android 和 iOS。OpenCV-Python 是 OpenCV 的 Python API，结合了 OpenCVC++ API 和 Python 语言的最佳特性。

OpenCV 其网址为"https://opencv.org/，https://pypi.org/project/opencv-python/"，OpenCV的文档和示例代码见"https://docs.opencv.org/4.x/d6/d00/tutorial_py_root.html/"。

安装命令如下：

```
pip install opencv-python
```

引用命令如下：

```
import cv2
```

OpenCV-Python 是一个功能丰富的库，可用于各种应用领域，如图像处理、计算机视觉、机器学习、深度学习和视频处理等。OpenCV-Python 主要包含的模块如下。

（1）cv2：OpenCV 核心模块，提供了图像处理、计算机视觉和机器学习的核心功能。它包括图像读取、处理、显示、特征检测、物体检测等功能。

（2）cv2.data：OpenCV 用到的数据文件，如分类器的 XML 文件、Haar 级联分类器、人脸检测器等。

（3）cv2.imgcodecs：图像编解码器模块，用于图像文件的读取和写入。

（4）cv2.imgproc：图像处理模块，如图像平滑、滤波、形态学操作、直方图均衡化、图像变换等。

（5）cv2.features2d：特征检测和描述模块，可以从 2D 图像中检测和提取对象的特征，用于检测和描述图像中的特征点。

（6）cv2.ml：机器学习相关的函数和类，如支持向量机、K 均值聚类、决策树和神经网络等，可用于训练和应用机器学习模型。

（7）cv2.dnn：深度学习模块，如 Caffe、TensorFlow、Torch 等，进行图像识别和对象检测。

（8）cv2.photo：用于图像修复、色彩校正和 HDR（高动态范围）图像合成的模块。

（9）cv2.video：视频处理模块，如视频捕获、读取、写入等功能。

（10）cv2.calib3d：相机标定和三维计算的模块，可用于三维重建。

OpenCV-Python 库的常用方法如表 10-4 所示。

表 10-4　OpenCV 库的常用方法

方　　法	说　　明
imread()	读取图像文件
imshow()	显示图像
imwrite()	保存图像
waitKey(0)	等待用户按下任意键
destroyAllWindows()	关闭窗口
cvtColor()	颜色空间转换
line()、circle()、rectangle()	绘制线条、圆和矩形
putText()	图像上添加文本
contourArea()	计算轮廓的面积
threshold()	图像二值化
findContours()	寻找图像中的轮廓
b, g, r = cv2.split(img)	RGB 通道拆分
img = cv2.merge((b, g, r))	RGB 通道合并
addWeighted()	图像混合
equalizeHist()	直方图均衡化，增强图像的对比度
GaussianBlur()	高斯滤波，用来减少图像中的噪声
threshold()	简单阈值处理
adaptiveThreshold()	自适应阈值处理
CascadeClassifier()	目标检测
clahe = createCLAHE(clipLimit, tileGridSize) enhanced_image = clahe.apply(image)	CLAHE 是一种直方图均衡化的变种，可以提高图像的对比度。创建 CLAHE 对象后，要使用 clahe.apply() 方法来应用 CLAHE 算法。 clipLimit：控制对比度限制的阈值。 tileGridSize：图像分成的小块的大小
Canny()	Canny 边缘检测

边缘检测是图像处理与计算机视觉中极为重要的一种分析图像的方法，在医学影像处理中也具有重要的意义。边缘检测可以帮助医生定位和标记图像中的解剖结构；再通过测量边缘的长度、形状、面积等特征，可以对图像进行定量分析，从而提供更多信息以支持临床决策。

Canny 算法是一种常用的边缘检测算法，是 John F. Canny 于 1986 年开发出来的一个多级边缘检测算法。其基本原理是通过计算图像中每个像素点的梯度值来检测边缘。OpenCV 中的 Canny() 函数用于检测图像的边缘。

函数定义如下：

```
img = cv2.Canny(image, threshold1, threshold2[, edges[, apertureSize[, L2gradient]]])
```

参数说明如下：

image：输入的灰度图像，即要进行边缘检测的图像。

threshold1：边缘像素的低阈值。

threshold2：边缘像素的高阈值。这个值通常是 threshold1 的 2 倍或更高。

edges（可选参数）：输出的边缘图像，其中包含检测到的边缘。这是一个二进制图像，边缘像素为非零值，非边缘像素为零值。

apertureSize（可选参数）：Sobel 算子的孔径大小。

L2gradient（可选参数）：布尔值，是否使用更精确的 L2 范数来计算梯度大小。如果为 True，则使用 L2 范数计算梯度大小，否则使用 L1 范数。通常将其设置为 False。

【例 10-4】　读取 DICOM 文件，进行边缘检测，调整参数并对比运行结果。

【任务实现】

程序代码如图 10-7（a）所示，原图和 Canny 边缘检测后的图如图 10-7（b）所示。

```python
import cv2
import pydicom
import matplotlib.pyplot as plt

# 读取 DICOM 文件
dicom_image = pydicom.dcmread("files/ch10/lung.dcm")

# 获取 DICOM 图像数据
image_array = dicom_image.pixel_array

# 图像数据类型转换为 CV_8U
dicom_data = cv2.convertScaleAbs(image_array)

# 图像增强：应用直方图均衡化
enhanced_image = cv2.equalizeHist(dicom_data)
# 图像滤波：应用高斯滤波以减少噪声
dicom_data = cv2.GaussianBlur(enhanced_image, (5, 5), 0)

# Canny 边缘检测
edge_image = cv2.Canny(dicom_data, threshold1=100, threshold2=220, L2gradient=True)

# 创建一个 1 行 2 列的子图布局
plt.figure(figsize=(10, 4))
# 1.显示 DICOM 图像
plt.subplot(121)
plt.imshow(image_array, cmap="gray")
plt.title("Original DICOM Image")
#plt.axis('off')
# 2.显示边缘检测结果
plt.subplot(122)
plt.imshow(edge_image, cmap='binary')
plt.title("Canny Edge Detection")
#plt.axis('off')

# 保存并显示图像
plt.savefig("files/output/eg10-4.jpg")
plt.show()
```

（a）程序代码

图 10-7　应用 OpenCV 库进行图像边缘检测

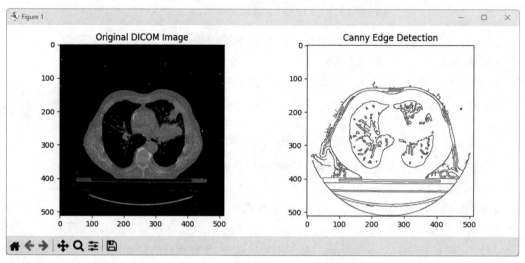

（b）运行结果

图 10-7　（续）

【思考题】

比较各种 Python 图像处理库读取 DICOM 图像文件的异同。例 10-4 中输出 1 行 2 列的子图方式和例 10-3 中输出 1 行 2 列的子图方式有什么区别？

拓展与思考

据世界知识产权组织发布的 2023 年全球顶级科技集群排名，我国以 24 个全球顶级科技集群，成为拥有最多科技集群的国家。源源汇集的科技要素、勃勃而发的创新动能，成为引领发展的第一动力。

2023 年 12 月的中央经济工作会议提出了 2024 年九大重点工作任务部署，其中排在第一位的是"以科技创新引领现代化产业体系建设"。实现高水平科技自立自强，是中国式现代化建设的关键。

本章小结

本章在介绍了图像及医学图像基础知识的基础上，重点介绍了 Python 在图像处理中常用的技术及在医学图像处理中的应用，如图像类型转换、图像数据修改、图像分割以及图像边缘检测等。

第 11 章

网络数据获取

网络上有海量的数据，网络爬虫是常用的一种用于自动从互联网上获取和提取信息的程序或脚本，可以用来自动化地访问和抓取互联网上的信息。

11.1 网络爬虫概述

网络爬虫（Web Crawler）在搜索引擎优化、数据挖掘、网络空间安全和市场研究等领域有着广泛的应用。

网络爬虫又称为网络蜘蛛（Web Spider）或网络机器人（Web Robot），是一种自动从互联网上获取数据的程序或脚本。它们的工作原理是访问网页，读取网页内容（如文本、图片、视频等），然后根据设定的规则提取出有用的信息。

使用网络爬虫时，要尊重网站的使用政策，遵守目标网站的网络爬虫排除协议（Robots协议，Robots Exclusion Protocol）和确保爬虫的行为符合法律法规，尊重网站的版权和隐私政策。此外，过度频繁的访问可能给网站服务器带来压力，因此在爬虫开发和运行时应注意控制爬取速率，以免对网站正常运行造成干扰。

11.1.1 Robots 协议

网站通过 Robots 协议告诉搜索引擎哪些页面可以抓取，哪些页面不能抓取。Robots 协议是国际互联网界通行的道德规范，不是一个强制性的机制。

根据 Robots 协议，网站在根目录下放一个"robots.txt"文件，里面指定不同的网络爬虫能访问的页面和禁止访问的页面。当网络爬虫访问某站点时，应先检查该站点根目录下是否存在 robots.txt。若存在，网络爬虫应按照该文件中的内容来确定访问的范围。

如图 11-1 所示的是百度网站的 robots.txt 的内容（https://www.baidu.com/robots.txt）。
robots.txt 文件内容结构通常如下：

（1）User-agent：指定规则适用的爬虫类型。例如，User-agent: * 表示规则适用于所有爬虫。

（2）Disallow：指爬虫不允许抓取的路径。例如，Disallow: /private/ 表示爬虫不应抓取 private 目录下的内容。

（3）Allow（可选）：明确指出哪些内容是可以抓取的。通常与 Disallow 一起使用，为搜索引擎提供例外规则。

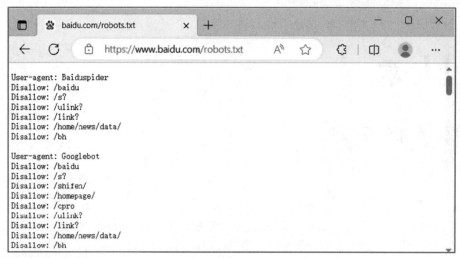

图 11-1　百度网站的 Robots 协议

（4）Crawl-Delay（可选）：指定爬虫访问服务器之间的延迟时间，以秒为单位。

（5）Sitemap（可选）：网站地图，方便有效地索引网站。

11.1.2　网络爬虫基本过程

基于 Python 的分布式网络爬虫框架主要有 Scrapy、PySpider、Celery 和 Selenium 等。网络爬虫的基本过程如图 11-2 所示。

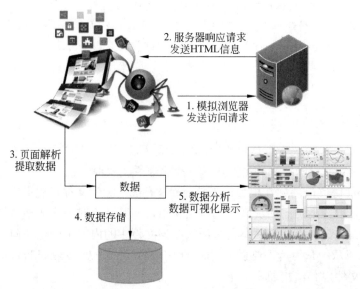

图 11-2　网络爬虫的基本过程

11.1.3　HTTP 基本原理

HTTP（Hyper Text Transfer Protocol，超文本传输协议）用于从网络传输超文本数据到本地浏览器的传送协议，它能保证传送高效而准确地传送超文本文档。HTTP 是由 W3C（World Wide Web Consortium，万维网协会）和 Internet 工作小组 IETF（Internet Engineering

Task Force）共同合作制定的规范。HTTPS（Hyper Text Transfer Protocol over Secure Socket Layer）是 HTTP 的安全版，是以安全为目标的 HTTP 通道。

1. URL

URL（Uniform Resource Locator，统一资源定位符）是用于定位互联网上资源的地址。它作为互联网资源的引用，通常用于在 Web 浏览器中访问网页，也可用于文件传输、电子邮件和其他应用程序。一个典型的 URL 包含以下几部分：

（1）协议：定义如何访问资源，如 http、https、ftp 等。

（2）主机名：指定存储资源的服务器的名称或 IP 地址。

（3）端口号（可选）：连接到主机时使用的端口，默认是 80。

（4）路径：指定服务器上资源的具体位置。

（5）查询字符串（可选）：用于提供额外参数，如搜索参数。

例如，在某 URL "https://kns.cnki.net/kns8s/defaultresult/index?kw=首都医科大学" 中，"https" 是协议，"https://kns.cnki.net" 是主机名，"/kns8s/defaultresult/index" 是路径，"kw=首都医科大学" 是指定查询条件和所要查询的内容。

2. HTTP 请求过程

用户在浏览器中输入 URL 并确认后就可以在浏览器中看到页面内容。这个过程就是浏览器向网站所在的服务器发送了一个请求，网站服务器接收到这个请求后进行处理和解析，然后返回对应的响应传回给浏览器。浏览器对其响应内容进行解析后显示出来，其过程如图 11-3 所示。

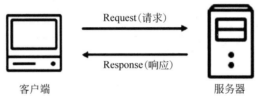

Request（请求）

Response（响应）

客户端　　　　　　　　　服务器

图 11-3　HTTP 请求过程

（1）请求（Request）。常见的请求方法有两种：GET 和 POST。在浏览器中直接输入 URL 并按回车键，这便发起了一个 GET 请求，请求的参数会直接包含到 URL 里。

POST 请求大多在表单提交时发起，例如，对于一个登录表单，输入用户名和密码后，单击 "登录" 按钮，这通常会发起一个 POST 请求，其数据通常以表单的形式传输，而不会体现在 URL 中。

（2）响应（Response）。响应是将服务端所产生的内容返回给客户端，主要由三部分组成：响应状态码、响应头和响应体。

① 响应状态码（Response Status Code）：响应状态码表示服务器的响应状态，如 "200" 代表服务器正常响应，"404" 代表页面未找到，"500" 代表服务器内部发生错误。在爬虫过程中，可以根据状态码来判断服务器响应状态，如状态码为 "200"，则证明成功返回数据，可以进一步进行处理，否则可以直接忽略该响应。

② 响应头（Response Headers）：包含了服务器对请求的应答信息，常见内容有以下几种。

● Date：标识响应产生的时间。

- Last-Modified：指定资源的最后修改时间。
- Content-Encoding：指定响应内容的编码。
- Server：包含服务器的信息，如名称、版本号等。
- Content-Type：文档类型，如 text/html 代表返回 HTML 文档，application/x-javascript 代表返回 JavaScript 文件，image/jpeg 代表返回图片。
- Set-Cookie：设置 Cookies。响应头中的 Set-Cookie 告诉浏览器需要将此内容放在 Cookies 中，下次请求携带 Cookies 请求。
- Expires：指定响应的过期时间。

③ 响应体（Response Body）：响应的正文数据都在响应体中，如请求网页时，它的响应体就是网页的 HTML 代码；请求一张图片时，它的响应体就是图片的二进制数据。网络爬虫请求网页后，最重要的工作就是解析响应体。

例如，在浏览器中打开首都医科大学网站（https://www.ccmu.edu.cn/），右键单击网页，在出现的快捷菜单中选择"查看网页源代码"就可看到网页的源代码，如图 11-4 所示。

（a）网页

（b）网页源码

图 11-4　网页及网页源码

11.1.4　网页基础

用浏览器访问网站时，页面各不相同。在进行网页数据解析时，需要先查看网页的内容特点，才能从网页中获取特定的信息。

1．网页组成

网页通常由 HTML、CSS、JavaScript、文字、图片、多媒体和动态数据等构成。

HTML（Hyper Text Markup Language，超文本标记语言）是用于创建网页和网络应用的标准标记语言，是构成网页基础的核心技术之一。一个 HTML 文档由一系列元素组成，这些元素通过标签来定义，如图片用<img>标签表示，视频用<video>标签表示，段落用<p>标签表示，它们之间的布局又常通过布局标签<div>嵌套组合而成，各种标签通过不同的排列和嵌套才形成了网页的框架。常用的 HTML 标签如表 11-1 所示。

表 11-1　常用的 HTML 标签

（a）基础标签

标　签	功　能	标　签	功　能
基础标签			
<!DOCTYPE>	定义文档类型	<html>	定义 HTML 文档
<head>	文档说明	<meta>	HTML 文档的元信息
<title>	文档的标题	<script>	定义客户端脚本
<style>	定义文档的样式信息	<body>	文档的主体
<h1> ～ <h6>	HTML 标题	<p>	段落
 	换行	<hr>	水平线
<img>	图像	<a>	链接
<ul>	无序列表	<ol>	有序列表
<li>	列表的项目	<div>	定义文档中的分区或节
<b>	粗体文本	<center>	居中
<u>	下画线文本	<!--...-->	注释
表格 <table>	表格	<th>	表格中的表头单元格
<thead>	表格中的表头内容	<tbody>	表格中的主体内容
<tr>	表格中的行	<td>	表格中的单元
表单和输入 <form>	HTML 表单	<label>	input 元素的标注
<textarea>	多行文本输入控件	<button>	按钮
<select>	选择列表（下拉列表）	<option>	选择列表中的选项
<input>	用户输入控件： <input type="text">单行文本框，<input type="password">密码框 <input type="radio">单选按钮，<input type="checkbox">复选框 <input type="submit">提交按钮，<input type="reset">重置按钮		

HTML 文档通过浏览器来解析，将结构化的内容展示给用户。HTML 通常与 CSS 和 JavaScript 一起使用，来创建功能丰富的网页。

CSS（Cascading Style Sheets，级联样式表）用于设置网页的布局和样式，包括颜色、字体和排版。CSS 还允许网页在不同的设备和屏幕尺寸上以响应式和适应性的方式呈现。CSS 可以直接在 HTML 文件中使用，也可以作为独立的外部文件链接到 HTML 中。通过将内容（HTML）和表现（CSS）分离，CSS 极大地提高了网页开发和维护的效率。

JavaScript 是一种高级的、解释型的编程语言，常用于网页开发。它是网页交互性的核心，允许开发者实现动态内容更新、交互式地图、动画、表单验证等功能。JavaScript 可以与 HTML 和 CSS 一起工作，创建富有表现力和交互性的用户界面。

JavaScript 是一种多范式的语言，支持事件驱动、函数式和面向对象的编程风格。它不仅可以在浏览器中运行，还能在服务器端使用，并应用于多种软件和应用程序的开发。

2. 网页结构

根据 W3C 的 HTML DOM（Document Object Model，文档对象模型）标准，HTML 文档是一种具有层级关系的树结构文档，HTML 中所有标签定义的内容都是节点，它们构成了一个 HTML DOM 树，如图 11-5 所示，网页与源码如图 11-6 所示。

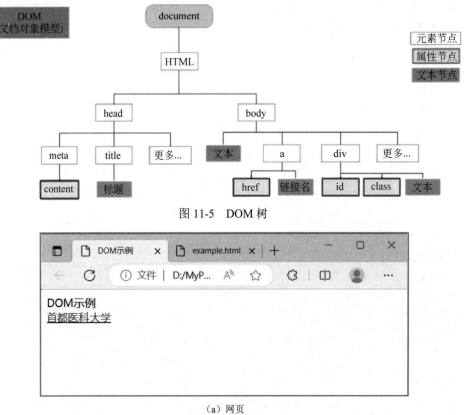

图 11-5　DOM 树

（a）网页

图 11-6　网页结构示例

（b）网页源码

图 11-6　（续）

11.2　网络爬虫常用技术

一次单独的网络爬虫的过程可以简单分为几步：获取页面、解析页面和存储数据。在 Python 中常用的工具有：用于发送网络请求的 requests 库和用于解析 HTML 的 BeautifulSoup 或 lxml 等。

11.2.1　获取页面

爬虫首先要做的工作就是获取网页的源代码。在获取页面的过程中，需要模拟浏览器向服务器发出 HTTP 请求。在网页中能看到各种各样的信息，最常见的便是常规网页，它们对应着 HTML 代码，而最常抓取的便是 HTML 源代码。但是，有些网页返回的不是 HTML 代码，而是一个 JSON 字符串，或者各种扩展名的文件（如 CSS、JavaScript 和配置文件等），或者各种二进制数据，如图片、视频和音频等。

常用的 Python 第三方库有 requests、urllib、httplib2 和 aiohttp 等。本书以 requests 库为例介绍基础的网络爬虫实现。

requests 库是 Python 的第三方库，是目前公认的爬取网页最好的库，代码简洁，甚至一行代码就能爬取到网页。requests 库的官方说明文档见"https://requests.readthedocs.io/en/latest/"。

requests 库的常用方法如表 11-2 所示。

表 11-2　requests 库常用方法

方　　法	说　　明
request()	构造一个请求
get()	获取 HTML 网页的主要方法，对应于 HTTP 的 GET
head()	获取 HTML 网页头信息的方法，对应于 HTTP 的 HEAD
post()	向 HTML 网页提交 POST 请求的方法，对应于 HTTP 的 POST
put()	向 HTML 网页提交 PUT 请求的方法，对应于 HTTP 的 PUT

续表

方　　法	说　　明
patch()	向 HTML 网页提交局部修改请求，对应于 HTTP 的 PATCH
delete()	向 HTML 页面提交删除请求，对应于 HTTP 的 DELETE

在 requests 库中，可以通过 response 对象的各种属性和方法来查看响应的各项信息，常见的响应信息如表 11-3 所示。

表 11-3　response 响应信息

方法或属性	说　　明
status_code	响应状态码，如 200 表示请求成功，404 表示资源不存在等
headers	响应头信息，是一个字典类型
encoding	响应内容的编码格式
url	响应的 URL 地址
history	请求历史，是一个列表类型，其中每个元素都是一个 response 对象
text	返回字符串类型的网页源码数据
content	返回 bytes 类型的网页源码数据
cookies	响应的 cookie 信息，是一个字典类型
json()	当响应内容是 JSON 格式时，得到字典数据。如果响应内容不是有效的 JSON，则抛出异常

有时用 requests 抓取到的页面会与在浏览器中看到的不一样：在浏览器中可以看到正常显示的页面数据，但是使用 requests 得到的结果并没有。这是因为 requests 获取的都是原始的 HTML 文档，而浏览器中的页面则是经过特殊处理数据后生成的结果，这些数据的来源有多种，可能是通过 Ajax 加载的，可能是包含在 HTML 文档中的，也可能是经过 JavaScript 和特定算法计算后生成的。

【例 11-1】 获取网页并显示相关信息。

【任务实现】 具体程序代码和运行结果如图 11-7 所示。

```python
import requests
url = "https://www.icourse163.org/"

response = requests.get(url)
print("响应状态: ", response.status_code)
print("响应头信息: ", response.headers)
print("响应内容: ", response.text)
```

（a）程序代码

```
响应状态: 200
响应头信息: {'Server': 'nginx', 'Date': 'Tue, 23 Jan 2024 11:49:46 GMT', 'Content-Type': 'text/html;charset=UTF-8', 'Transfer-Encoding': 'chunked', 'Connection':
'keep-alive', 'Vary': 'Accept-Encoding', 'Server-Host': 'hzabj-mooc-online-new28', 'Set-Cookie': 'NTESSTUDYSI=3e2a4da9387840e3adaa399cf690b69a; Domain=icourse163.org;
Path=/, EDUWEBDEVICE=92bd76177ee745bca7690675525caf9c; Domain=icourse163.org; Expires=Sun, 21-Jan-2029 11:49:46 GMT; Path=/', 'Environment': 'online',
'X-Application-Context': 'mooc:online:18382', 'Cache-Control': 'no-cache, must-revalidate', 'Expires': 'Sat, 20 Jul 2010 11:11:11 GMT', 'Pragma': 'no-cache',
'Content-Security-Policy': 'upgrade-insecure-requests', 'Content-Language': 'zh-CN', 'Content-Encoding': 'gzip'}
响应内容: <!DOCTYPE html>
<html xmlns="//www.w3.org/1999/xhtml" xml:lang="zh" lang="zh">
<head>
<title>
中国大学MOOC,优质在线课程学习平台
</title>
</head>
```

（b）运行结果

图 11-7　获取网页并显示相关信息

11.2.2　解析页面

抓取网页代码之后，就要从网页中提取信息。网页信息提取可以使用正则表达式（re，Regular Expression）来提取，但相对比较烦琐。可以利用 Pandas 的 read_html() 函数来解析网页中的表格，此外 Python 还有许多强大的解析库，如 Beautiful Soup、lxml、pyquery 等，可以高效便捷地从网页中提取有效信息。

1. Pandas 的 read_html()函数

Pandas 的 read_html() 函数是最简单的爬虫，但只适合于爬取静态网页中的表格<table>数据。read_html() 函数可以将 HTML 的<table>表格转换为 DataFrame，用这种方法在获取数据处理时，不需要用爬虫获取站点的 HTML，可以通过网址直接进行处理。

read_html() 函数的语法格式如下：

```
import pandas as pd
pd.read_html(io, match='.+', flavor=None, header=None, index_col=None,
        skiprows=None, attrs=None, parse_dates=False,
        tupleize_cols=None, thousands=',',
        encoding=None, decimal='.', converters=None,
        na_values=None, keep_default_na=True, displayed_only=True)
```

说明：

- io：url、html 文本、本地文件等；
- flavor：解析器（常用的解析器见表 11-4）；
- header：标题行；
- skiprows：跳过的行；
- attrs：属性，如 attrs = {'id':'table'}；
- parse_dates：解析日期。

表 11-4　常用的解析器

解析器	优点	缺点
html.parser	Python 内置的标准库，执行速度适中	Python 3.2.2 之前的版本容错能力差
lxml	速度快、文档容错能力强	需要安装 C 语言库
html5lib	容错性好、以浏览器的方式解析文档、生成 HTML5 格式的文档	速度慢，不依赖外部拓展

函数返回的结果是一个包含所有找到的表格的 DataFrame 组成的列表 list。如果页面上有多个表格，dfs 将包含多个 DataFrame，每个 DataFrame 对应一个表格。可以通过索引访问特定的表格，如 dfs[0]为第一个表格。

使用 pandas 的 read_html()函数，除需安装 pandas 库外，还需安装与之配合用的 html5lib 和 BeautifulSoup4 库。

【例 11-2】解析网页中的<table>表格，并将数据保存到 Excel 文件中。

【任务实现】

（1）查看网页源码并分析，发现网页中的相关信息是用<table>表示的，如图 11-8 所示。

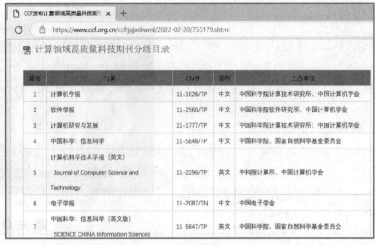

（a）网页

（b）网页源码

图 11-8　查看网页源码

（2）利用 read_html() 函数解析 url 中的表格。程序代码和运行结果如图 11-9 所示。

```python
import pandas as pd

url = "https://www.ccf.org.cn/ccftjgjxskwml/2022-02-20/755179.shtml" #网址
dfs = pd.read_html(url, flavor="html5lib")  # 读取并解析网页
concat_df = pd.concat(dfs)
concat_df.to_excel("files/output/eg11-2.xlsx", index=False, header=False)
```

（a）程序代码

	A	B	C	D	E	F	G	H	I
1	顺号	T1类	CN号	语种	主办单位				
2	1	计算机学	11-1826/1	中文	中国科学院计算技术研究所、中国计算机学会				
3	2	软件学报	11-2560/1	中文	中国科学院软件研究所、中国计算机学会				
4	3	计算机研	11-1777/1	中文	中国科学院计算技术研究所；中国计算机学会				
5	4	中国科学	11-5846/1	中文	中国科学院、国家自然科学基金委员会				
6	5	计算机科	11-2296/1	英文	中科院计算所、中国计算机学会				
7	6	电子学报	11-2087/1	中文	中国电子学会				
8	7	中国科学	11-5847/1	英文	中国科学院、国家自然科学基金委员会				
9	8	计算机科	10-1014/1	英文	高等教育出版社有限公司、北京航空航天大学				
10	9	自动化学	11-2109/1	中文	中国科学院自动化研究所、中国自动化学会				
11	10	电子学报	10-1284/1	英文	中国电子学会、电子工业出版社				

（b）运行结果

图 11-9　解析网页中的<table>表格

2. 网页解析库：lxml

lxml 是一个用于处理 HTML 和 XML 文档的 Python 库。它提供了简单而灵活的 API，使开发者可以轻松地读取、解析、创建和修改 HTML 或 XML 文档。lxml 是第三方库，在使用之前需要先安装，安装命令为"pip install lxml"。lxml 官网为"https://lxml.de/"。

lxml 实现了类似于 Python 内置的 ElementTree 模块的 API；lxml 支持 XPath 查询语言，用于选择 HTML 或 XML 文档中的元素，使得在文档中导航和提取信息变得非常容易。此外，lxml 可以修改、删除 HTML 或 XML 文档中的元素、属性和内容等操作。

（1）解析器。lxml 库提供了一个 etree 模块，该模块专门用来解析 HTML 或 XML 文档。利用 etree.HTML 方法可以将 html 字符串转化为 Element 对象，Element 对象具有 xpath 的方法。

etree.HTML 方法的语法格式如下：

```
from lxml import etree
htmltree= etree.HTML(html_content)
```

（2）基本元素。lxml 主要有两种基本元素类型：ElementTree 和 Element。

① ElementTree：表示整个 HTML 或 XML 文档的树状结构。

② Element：是 HTML 或 XML 文档中单个元素的基本类型。

每个 Element 对象都代表文档中的一个元素，包括其标签、属性和子元素。可以使用 tag 属性访问元素的标签名，使用 attrib 属性访问元素的属性，使用 text 属性访问元素的文本内容。

（3）xpath。xpath 使用路径表达式来选取 HTML 或 XML 文档中的节点或者节点集。xpath 常见语法如表 11-5 所示。

表 11-5　xpath 常见语法

表达式	说明	表达式	说明
/	从根节点开始选取	nodename	选取该节点元素
//	从任意节点开始选取	@	根据属性选取
.	选取当前节点	*	通配符，表示任意节点或任意属性
..	选取当前节点的父节点	text()	选取文本

xpath 常用的元素定位方法：在 xpath 中，第一个元素的位置是"1"，最后一个元素的位置是 last()。

① 通过绝对路径定位元素：xpath 表达式从 html 的最外层节点逐层填写，最后定位到操作元素，例如，htmltree.xpath ("/html/body/table/div[1]/span/a")。

② 通过相对路径定位元素：在 html 的任意层次中寻找符合条件的元素，语句以"//"开始，例如，htmltree.xpath ("//a")。

③ 通过元素属性定位元素：单属性定位，即 htmltree.xpath("//table[@class='tab1']")，多属性定位，即 htmltree.xpath ("//table[@class='tab1' and @class='tab2']")

④ 通过属性值模糊匹配定位元素：xpath 模糊匹配的函数有两种，即 starts-with 和 contains。

```
starts-with: htmltree.xpath ("//table[starts-with(@class,'tab')]");
contains: htmltree.xpath ("//table[contains(@class,'tab')]")
```

⑤ 通过文本定位元素：文本内容的定位是利用 html 的 text 字段进行定位的方法，例如，htmltree.xpath ("//span[text()='下一步']")。文本定位也支持 starts-with 和 contains 模糊匹配。

xpath 方法返回列表的三种情况：

① 空列表：没有定位到任何元素；

② 由字符串构成的列表：定位到文本内容或某属性的值；

③ 由 Element 对象构成的列表：定位到标签，列表中的 Element 对象可以继续进行 xpath。

【例 11-3】 用 lxml 库从网页中提取数据。

【任务实现】 从网页中提取"动态跨库检索及主题数据库"栏目中的所有的数据库名称及链接。程序实现步骤如下：

（1）查看网页并分析网页源码（见图 11-9），网页<head>部分注明了"charset= UTF-8"，所以使用 requests 获取网页内容时可以不设置编码方式。

（2）查看网页源码查找"动态跨库检索及主题数据库"栏目，发现里面所有的信息在"<div id="_56_INSTANCE_54Rl_content0">"中，所以可以用这个 id 属性值来定位节点。

（3）查看节点内中所有的"<a>"标签，这些标签通常包含链接。对于每个"<a>"标签，发现"href"属性有的是完整的网络地址，而有的是以"/"开头，则说明这个链接地址是相对地址，要构建完整的链接地址。

具体程序代码和运行结果如图 11-10 所示。

（a）网页

图 11-10 查看网页及源码

```
1  <html dir="ltr">
2  <head>
3  <title>国家人口与健康科学数据共享平台-基础医学科学数据中心 - 平台首页</title>
4  <meta content="text/html; charset=UTF-8" http-equiv="content-type">
```

（b）网页源码：\<head\>部分

（c）网页源码：数据部分

图 11-10　（续）

```python
import requests
from lxml import etree

# 1、爬取网页
url = "https://www.bmicc.cn/web/share/home"
response = requests.get(url)
html_content = response.text
# 2、解析网页数据
parse = etree.HTML(html_content)
table_element = parse.xpath("//div[@id='_56_INSTANCE_54Rl_content0']")[0]
# 3、遍历所有的<a>元素并提取数据
for a_element in table_element.xpath(".//a"):
    href_title = a_element.text          # 链接文本
    href_link = a_element.get("href")    # 链接地址
    # 如果链接地址是相对地址
    if not "http" in href_link:
        href_link = "https://www.bmicc.cn" + href_link
    print("title=",href_title, ", link=", href_link)
```

（a）程序代码

```
title= 肿瘤相关二次数据库开发 , link= https://www.bmicc.cn/web/share/2ndb/
title= 生物信息数据库集群与集成搜索的构建和应用 , link= http://news.bmicc.cn/portal/root/dbengine_cn/
```

（b）运行结果

图 11-10　从网页中提取数据

3. 网页解析库：BeautifulSoup

BeautifulSoup 是一个基于正则表达式开发的用于解析 HTML 和 XML 文档的 Python 第三方库。BeautifulSoup 通过转换复杂的 HTML 文档为用户友好的数据结构，使得提取数据变得更加容易。BeautifulSoup 是第三方库，在使用之前需要先安装。BeautifulSoup 官网为"https://www.crummy.com/software/BeautifulSoup/"。BeautifulSoup 的常用方法如下。

（1）解析器。BeautifulSoup 支持多种解析器，如 Python 标准库的 html.parser，以及更快、更灵活的第三方解析器：lxml 和 html5lib。

使用方法如下：

```
from bs4 import BeautifulSoup
soup = BeautifulSoup(html_content, "html.parser")
```

（2）基本元素。BeautifulSoup 将复杂的 HTML 文档转换成一个复杂的树形结构，每个节点都是 Python 对象，所有对象可以归纳为 4 种：Tag、NavigableString、BeautifulSoup 和 Comment。

① BeautifulSoup：指一个文档的全部内容，整个文档可以当成一个 Tag 来处理。

② Tag：HTML 的一个标签，如 div，p 标签等，是用得最多的一个对象。Tag 有两个很重要的属性：name 和 attributes。"name"是标签的名字，"attributes"是标签的属性。标签的名字和属性是可以被修改的。

③ NavigableString：指标签内部的文字，即可遍历的字符串。

④ Comment：一个特殊的 NavigableString，其输出内容不包括注释内容。

（3）方法或属性。用户可以通过调用 BeautifulSoup 的方法或属性获取 HTML 中的信息，从而实现网页数据的提取。BeautifulSoup 常用的方法或属性如表 11-6 所示。

表 11-6 BeautifulSoup 常用方法或属性

方法或属性	举例说明
soup.title	获取整个 title 标签字段：\<title\>HTML 标题\</title\>
soup.title.name	获取 title 标签名称：title
soup.title.string	获取 title 标签的值：HTML 标题
soup.title.get_text()	同上
soup.title.parent.name	获取 title 的父级标签名称：head
soup.p	获取第一个 p 标签字段：\<p class="title"\>\<b\>The Dormouse's story\</b\>\</p\>
soup.p['class']	获取第一个 p 中 class 属性值：title
soup.p.get('class')	同上
soup.a	获取第一个 a 标签字段
soup.find('a').get('id')	获取 a 标签中 id 属性的值
soup.find_all('a')	获取所有 a 标签字段
soup.find(id="xhlink")	获取属性 id 值为 xhlink 的字段
soup.select('div')	获取所有名为\<div\>的元素

但是，如果需要提取 JavaScript 动态加载的网页内容，BeautifulSoup 处理不了，需要

结合 selenium 或其他工具来实现。

【例 11-4】　从网页中提取文件链接，下载并保存文件。

【任务实现】

查看网页并分析网页源码，发现网页中的下载链接都是 PDF 文件，网页中能看到论文名称，以及相对链接地址是用<a>表示的，如图 11-11 所示。程序实现步骤如下：

（1）使用 requests 获取网页内容，BeautifulSoup 解析网页内容。检查响应头是否包含字符集信息，若没有，则设置为"UTF-8"。对于中文网页，有时需要使用"gbk"或"gb2312"。

（a）网页

（b）网页源码

图 11-11　查看网页及源码

（2）查找网页内容中所有的"<a>"标签，这些标签通常包含链接。对于每个"<a>"标签，检查"href"属性是否以".pdf"结尾，如有则提取链接文本和构建完整的下载链接地址。

（3）根据链接地址，下载 PDF 文件。

（4）由于本例程序实现步骤较多，为使程序结构清晰，按主要功能构建自定义函数，且使用 main() 函数方式设定程序入口。具体程序代码和运行结果如图 11-12 所示。

```python
import os
import requests
from bs4 import BeautifulSoup

# 获取并解析网页
def getwebcontent(url):
    response = requests.get(url)
    # 检查并设置编码
    if "charset" not in response.headers.get("content-type"):
        response.encoding = "utf-8"
    return BeautifulSoup(response.content, "html.parser")
# 页面数据提取，将 PDF 文件名列表保存到文件
def getpdflinks(soup, filename):
    pdf_links = []
    with open(filename, "w", encoding="utf-8") as file:
        for link in soup.find_all("a", href=True):
            href = link['href']
            if href.endswith(".pdf"):
                link_text = link.get_text().replace("\n", '').replace("\r", '').replace
(":", '').replace("/", " ")
                # 存储 PDF 文件的链接
                pdf_links.append((href, link_text))
                # 将链接数据写入文本文件中
                file.write(link_text + "\n")
        file.close()
    return pdf_links
# 下载 PDF 文件
def downloadfiles(pdf_links, filepath):
    for href, link_text in pdf_links:
        # 如果是相对链接，需要转换为绝对链接
        if not href.startswith('http'):
            href = "https://www.ccmu.edu.cn/" + href
        # 下载 PDF 文件
        pdf_response = requests.get(href)
        file_name = filepath + link_text + ".pdf"
        # 保存文件
        with open(file_name, "wb") as file:
            file.write(pdf_response.content)
        print(f"已下载：{link_text}")


def main():
    # 1.获取并解析网页
    url = "https://www.ccmu.edu.cn/zxkylw_12912/index.htm"
    soup = getwebcontent(url)
    # 2.页面数据提取，将 PDF 文件名列表保存到 txt 文件
    namelistfile = "files/output/eg11-4/eg11-4-namelist.txt"
    pdf_links = getpdflinks(soup, namelistfile)
    # 3.下载 PDF 文件
    filepath = "files/output/eg11-4/pdf/"
    if not os.path.exists(filepath):
        os.makedirs(filepath)
    downloadfiles(pdf_links, filepath)

if __name__ == "__main__":
    main()
```

（a）程序代码

图 11-12　从网页中提取文件链接，并下载保存文件

名称
安静等（基础医学院）EBioMedicine --Neutrophil infiltration leads to fetal growth restriction by impairing the placental vasculature in DENV-
安静等（基础医学院）J Virol --Zika virus infection leads to hormone deficiencies of the hypothalamic-pituitary-gonadal axis and diminished f
曾辉等（世纪坛医院）Cell Rep --Sepsis induces non-classic innate immune memory in granulocytes.pdf
陈萍等（基础医学院）Nat Commun --H2B ubiquitination recruits FACT to maintain a stable altered nucleosome state for transcriptional activ
陈瑞等（公卫学院）Nano Lett --Matairesinol Nanoparticles Restore Chemosensitivity and Suppress Colorectal Cancer Progression in Preclin
惠藏鹏等（宣武医院）Elife --NFATc1 marks articular cartilage progenitors and negatively determines articular chondrocyte differentiation.p
谷湾秋等（天坛医院）Lancet Reg Health West Pac --Clinical characteristics, in-hospital management, and outcomes of patients with in-hospi

（b）运行结果

图 11-12 （续）

11.3 综合应用

网络爬虫获取到数据，通常只是一个任务的开始，后续通常还要进行数据整理、数据分析和数据可视化展示等。本节通过一个综合实例来展示一个完整的任务实现过程。

【例 11-5】 网络获取"现行有效医疗器械国家标准、行业标准"数据，并进行数据处理和可视化显示。

【任务实现】

（1）所需库：如图 11-13 所示。

```
import requests
from lxml import etree
import numpy as np
import pandas as pd
import matplotlib.pyplot as plt
```

图 11-13 所需库

（2）网络爬虫获取并解析"现行有效医疗器械国家标准、行业标准"数据，将数据存放在二维列表中。程序如图 11-14 所示。

```
def getwebcontent(url):
    # 1、爬取网页：
    response = requests.get(url)
    response.encoding = "gbk"
    html_content = response.text
    # 2、解析网页数据
    parse = etree.HTML(html_content)
    table_element = parse.xpath("//table[@class='tab1']")[0]
    # 3、存放所有解析的数据
    table_data = list()
    # 4、遍历所有行的<tr>元素并保存
    for tr_element in table_element.xpath("./tr"):
        # 存放每行解析的数据
        tr_data = list()
        # 获取所有列的<td>元素
        td_elements = tr_element.xpath("./td[@class='tbtitle5']")
        # 遍历一行中的所有<td>元素
        for td_element in td_elements:
            # 获取<td>元素内的<span>元素
            span_element = td_element.find(".//span")
```

图 11-14 网络爬虫获取并解析数据

```
            if span_element is not None:
                td_data = span_element.get("title")
            else:
                td_data = td_element.text.strip() if td_element.text else ''
        # 保存每列的数据
        tr_data.append(td_data)
    # print("tr_data=",tr_data)
    # 将一行所有列的数据存放到 table_data 中
    table_data.append(tr_data)
return table_data
```

图 11-14 （续）

（3）构建 DataFrame，分类汇总并排序。程序如图 11-15 所示，此部分在 main() 函数中。

```
columns = ["序号", "目录名称", "一级目录", "二级目录", "标准编号", "标准名称", "批准日期", "实
施日期", "实施状态"]
    df = pd.DataFrame(table_data, columns=columns)
    grouped_data = df.groupby("一级目录").size().reset_index(name="数量")
    sorted_data = grouped_data.sort_values(by="数量", ascending=False)
```

图 11-15　构建 DataFrame 数据，并分类汇总并排序

（4）把保存下载的原始数据和分类汇总的数据分别保存到 Excel 文件中的两个工作表中。程序如图 11-16 所示，此部分在 main() 函数中。

```
# （1）保存下载的原始数据
    file_name = file_path + "eg11-5.xlsx"
    df.to_excel(file_name, sheet_name="网页数据", index=False)
# （2）将分类汇总结果保存到新工作表中
    with pd.ExcelWriter(file_name, mode="a", engine="openpyxl") as writer:
        sorted_data.to_excel(writer, sheet_name="分类汇总", index=False)
```

图 11-16　保存数据到 Excel 文件

（5）绘制"一级目录"分类汇总图并保存。由于该功能程序较多，柱形图的数据系列上的数据显示采用了自定义函数调用来实现。程序如图 11-17 所示。

```
# 显示柱形图上的数值
def showdatalabel(rects):
    for rect in rects:
        height = rect.get_height()
        plt.text(rect.get_x() + rect.get_width() / 2, height, f"{int(height)}",
                size=10, ha="center", va="bottom")
# 绘制图形并保存
def showplt(sorted_data):
    # 设置柱形宽度
    bar_width = 0.5  # 设置为所需的宽度
    # 生成渐变色列表
    colors = plt.cm.cool(np.linspace(0, 1, len(sorted_data)))
    # 设置字体
    plt.rcParams["font.sans-serif"] = ["SimHei"]
    # 设置图形大小
    plt.figure(figsize=(10, 6))
    # 绘制图形
```

图 11-17　绘制"一级目录"分类汇总图并保存

```
    barplt = plt.bar(sorted_data["一级目录"], sorted_data["数量"], width=bar_width,
                color=colors, edgecolor="grey", linewidth=0.5)
    plt.title("医疗器械标准一级目录 分类汇总图")
    plt.xlabel("一级目录")
    plt.ylabel("数量")
    plt.xticks(size=9)   # 分类轴字体
    # 显示分组数据，调用自定义函数
    showdatalabel(barplt)
    # 使用 tight_layout 调整布局
    plt.tight_layout()
    # 保存图形
    plt.savefig("files/output/eg11-5/eg11-5.jpg")
    # 显示图形
    plt.show()
```

图 11-17　（续）

（6）主函数。

由于本例程序实现步骤较多，为使程序结构清晰，按主要功能构建自定义函数，且使用 main() 函数方式设定程序入口。程序如图 11-18 所示。

```
def main():
    # 设定文件保存路径
    file_path = "files/output/eg11-5/"
    # 1、获取并解析网页（调用自定义函数）
    url = "http://app.nifdc.org.cn/biaogzx/qxqwk.do?formAction=list&istiaojian=&index=
1&pageSize=500"
    table_data = getwebcontent(url)
    # 2、构建 DataFrame 数据，并分类汇总并排序
    columns = ["序号", "目录名称", "一级目录", "二级目录", "标准编号", "标准名称", "批准日期",
"实施日期", "实施状态"]
    df = pd.DataFrame(table_data, columns=columns)
    grouped_data = df.groupby("一级目录").size().reset_index(name="数量")
    sorted_data = grouped_data.sort_values(by="数量", ascending=False)
    # 3、把数据保存到 Excel 文件中
    # （1）保存下载的原始数据
    file_name = file_path + "eg11-5.xlsx"
    df.to_excel(file_name, sheet_name="网页数据", index=False)
    # （2）将分类汇总结果保存到新工作表中
    with pd.ExcelWriter(file_name, mode="a", engine="openpyxl") as writer:
        sorted_data.to_excel(writer, sheet_name="分类汇总", index=False)
    # 4、绘制"一级目录"分类汇总图并保存（调用自定义函数）
    showplt(sorted_data)

if __name__ == "__main__":
    main()
```

图 11-18　main() 函数

（7）程序运行结果。

程序运行结果有两个文件：一个文件是如图 11-19（a）所示的保存数据的 Excel 文件 "eg11-5.xlsx"，文件有两个工作表，即原始下载的网页数据和分类汇总后的数据；另一个文件是如图 11-19（b）所示的图形文件 "eg11-5.jpg"，即分类汇总的柱形图。

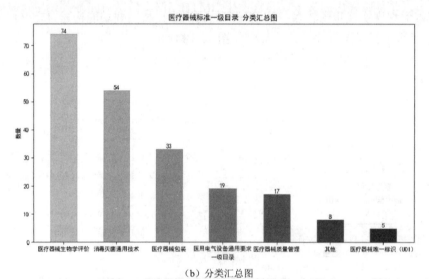

（a）Excel 文件

（b）分类汇总图

图 11-19　运行结果

本章小结

本章主要介绍了用于网络爬虫的网络基本概念、HTTP 基本原理、网页基本结构和网络爬虫排除协议（Robots 协议），重点介绍了基于 Python 的网络爬虫的系统框架及常用技术，以及基于 Python 的网络爬虫的综合应用。

附录

系统环境变量设置

（1）单击 Windows 左下角的"开始"按钮 ⊞，单击"设置" ⚙ 功能，打开"设置"界面。单击左侧的"关于"选项，在界面右侧单击"高级系统设置"功能，如图 A-1 所示。

（2）单击"高级系统设置"功能，打开"系统属性"对话框，如图 A-2 所示。

图 A-1 "设置"界面

（3）选择"高级"面板，单击窗口下方的"环境变量"按钮，打开"环境变量"对话框，如图 A-3 所示。这里有"用户变量"和"系统变量"两个设置框。添加进"用户变量"仅对当前用户可用，而添加进"系统变量"则对系统全局生效。这里以添加到"用户变量"为例（添加到"系统变量"的操作方法相同）。

（4）在图 A-3 中选中"Path"变量，然后单击"编辑"按钮，打开"编辑环境变量"对话框，如图 A-4 所示。通过"新建"功能将 Python 的两个安装目录添加进去即可。

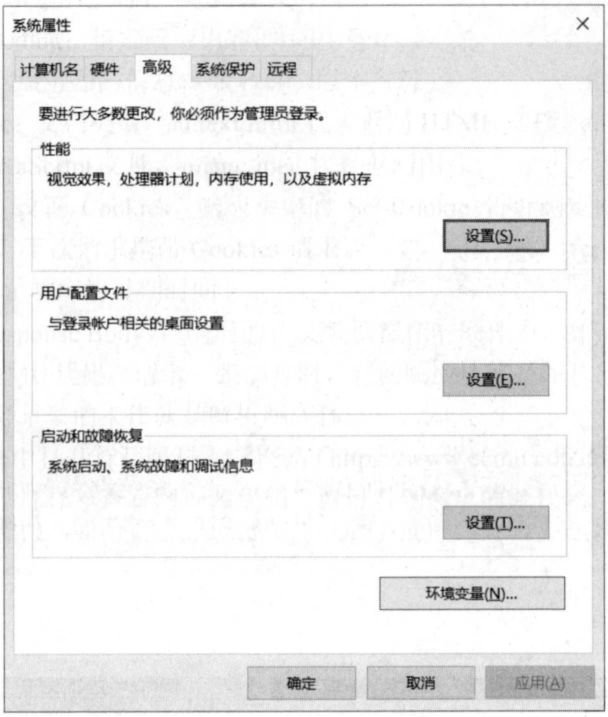

图 A-2 "系统属性"对话框

图 A-3 "环境变量"对话框

图 A-4 "编辑环境变量"对话框

参考文献

[1] 崔庆才. Python 3 网络爬虫开发实战 [M]. 北京: 人民邮电出版社, 2018.

[2] 王国平. Python 数据可视化之 Matplotlib 与 PyEcharts [M]. 北京: 清华大学出版社, 2020.

[3] Scott Berinato. 用图表说话: 职场人士必备的高效表达工具 [M]. 北京: 机械工业出版社, 2020.

[4] 唐子惠. 医学人工智能导论[M]. 上海: 上海科学技术出版社, 2020.

[5] 赵广辉. Python 程序设计基础[M]. 北京: 高等教育出版社, 2021.

[6] 教育部考试中心. 全国计算机等级考试二级教程——Python 语言程序设计 [M]. 北京: 高等教育出版社, 2022.

[7] 夏敏捷, 田地. Python 程序设计: 从基础开发到数据分析 [M]. 2 版. 北京: 清华大学出版社, 2022.

[8] 李一邨. 人工智能算法案例大全: 基于 Python [M]. 北京: 机械工业出版社, 2023.

[9] 王廷华, 熊柳林. Python 及其医学应用 [M]. 成都: 四川大学出版社, 2023.

[10] 华琳, 李林, 夏翃, 等. 医学数据挖掘案例与实践 [M]. 2 版. 北京: 清华大学出版社, 2023.

[11] 梁隆恺, 付鹤, 陈峰蔚, 等. 深度学习与医学图像处理[M]. 北京: 人民邮电出版社, 2023.